# C 图形化实践编程

冯 杰 编著

U0249461

南开大学出版社

天 津

**图书在版编目(CIP)数据**

C 图形化实践编程 / 冯杰编著. 一天津：南开
大学出版社，2015.8  2017.2 重印
ISBN 978-7-310-04882-3

Ⅰ.①C… Ⅱ.①冯… Ⅲ.①C 语言－程序设计
Ⅳ.①TP312

中国版本图书馆 CIP 数据核字(2015)第 188011 号

南开大学出版社出版发行
出版人：刘立松
地址：天津市南开区卫津路 94 号　　邮政编码：300071
营销部电话：(022)23508339　23500755
营销部传真：(022)23508542　　邮购部电话：(022)23502200

\*

北京楠海印刷厂印刷
全国各地新华书店经销

\*

2015 年 8 月第 1 版　　2017 年 2 月 2 次印刷
260×185 毫米　16 开本　10.125 印张　250 千字
定价:20.00 元

如遇图书印装质量问题,请与本社营销部联系调换,电话:(022)23507125

# 内容简介

  本书主要对 C 语言的基础知识进行梳理，并重点讲解实际编程中常见的难点和经常遇到的问题，介绍实践中常用的编程工具来提高编程效率。利用一个贯穿全书的图形化实例，将命令行式的编程转换为图形化的游戏式编程，提高初学者对 C 语言编程的兴趣，注重编程思想的体现，为后续学习对象编程、游戏编程、图形学和图像处理等打下良好的基础。

  本书可作为高等学校理工科各专业 C 语言程序设计教材，也可作为计算机编程练习和自学用书。

# 前　言

C 语言是一种非常有魅力的编程语言，目前绝大多数工科大学课程中首先讲授的编程语言就是 C 语言，它与其他编程语言（如 C++、C#、Java）的关系非常紧密。但是在学习的过程中我们却发现很多问题，由于 C 语言是比较基础的语言，大部分教程仍然延续对语法的讲述并使用命令行的形式进行编程，这对于很多初学编程的人来说是比较枯燥的。另外，目前主流的 C 语言编译环境已从传统的 Turbo C 转为微软的 Visual Studio 系列，但在很多教程中并没有更新编译环境的变化，导致初学者并不能体会编程过程中工程化的理念。

为此，我们觉得应该采用图形化的方式来对 C 语言编程进行形象化的表述。在传统的 Turbo C 编程环境中集成了自带的图形库，可以使用图形化的方式进行编程，而在较新的 Visual Studio 编程环境中使用图形功能却比较复杂，如果采用 Windows 编程的 API，还要注册窗口类、建消息循环等。在本书中，我们选择一个轻巧的 EasyX 库作为图形开发库，它可以非常方便地融合到 Visual Studio 编译环境中，开发出和 Turbo C 中类似的简单图形图像应用程序。

本书可以作为大学本科 C 语言课程学习的参考书。和目前出版的 C 语言参考书相比，本书具有以下非常明显的特色：

1. 本书采用 Visual Studio 2010 作为开发环境，这也是当前大多数公司在 Windows 下开发软件的常用开发环境，熟悉该开发环境也可以更容易适应业界公司的开发方式。

2. 本书每章前半部分主要对 C 语言中比较基础的知识点进行回顾和扩展，并且在回顾中对实际编程过程中非常容易犯错的部分加以说明和解释。几乎每章的后半部分都会利用一个具体的图形化实例对该章的内容进一步实践，更具有特色的是，该例子的内容贯穿整本书，并以类似游戏的形态展示出来，读者可以在实例的基础上发挥自己的想象，创造出更加有趣的程序，这也会大大提高读者对 C 语言和对编程的兴趣。

3. 本书最后介绍了 C 语言编程实用的工具 Souce Insight，这是在实际编程实践中最常使用的进行代码阅读的一个工具软件。

本书在成书过程中得到了马汉杰、林翔宇等老师的帮助，在实际教学过程中也得到了浙江理工大学信息学院 10~13 级本科生的检验，特此表示感谢。同时对本书所引用的参考书的作者们表示感谢。对 EasyX 图形库开发人员表示感谢。本书中所使用的代码可以在 github 上进行下载，代码地址是：https://github.com/arlose/xiaomingsworld.git。

由于作者的能力和水平有限，虽然经过了大量的努力，书中仍然难免有一些错误，希望读者与同行专家进行批评指正。

# 目 录

# 第一章　开发环境与图形库

本书的所有示例均采用 Visual Studio 2010 作为开发环境。Visual Studio 是微软公司推出的开发环境，是目前最流行的 Windows 平台应用程序开发环境之一。Visual Studio 2010 版本于 2010 年 4 月 12 日上市，其集成开发环境（IDE）的界面相对于之前的版本被重新设计和组织，变得更加简单明了。Visual Studio 其实是微软开发的一套工具集，它由各种各样的工具组成，其中 Visual C++就是 Visual Studio 的一个重要的组成部分。我们采用 Visual C++作为主要开发工具，并利用 Easyx 图形库编写更加直观的图形化程序。

如果大家对 Visual Studio 的编译环境已经相当熟悉，也可直接跳至 1.2 节——EasyX 图形库。

## 1.1　VS2010 开发环境简介

### 1.1.1　建立"工程"

#### 1. 启动 VS2010

安装好微软的 Visual Studio 2010 后，在系统的"开始"菜单的"程序"中可以启动 Microsoft Visual Studio 2010，也可以在桌面上为菜单项 Microsoft Visual Studio 2010 建立一个快捷图标，选择启动 VS2010。启动后，将获得如下启动画面。

图 1-1　VS2010 启动画面

**2. 建立工程**

在 VS2010 里不能单独编译一个.cpp 或者一个.c 文件，这些文件必须依赖于某一个项目，因此我们必须创建一个项目。可以采用多种方法创建项目，如通过菜单：文件→新建→项目；也可以通过工具栏点击新建项目进行创建。这里我们点击起始页面上面的新建项目。

图 1-2    新建项目

点击之后进入新建项目向导。

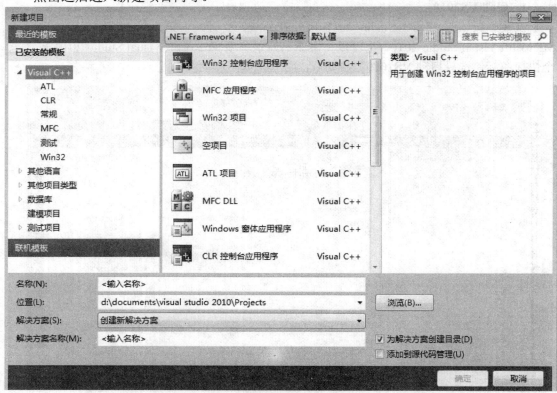

图 1-3    新建项目向导

在该页面中选择 Win32 控制台应用程序，名称中输入 HelloWorld 单击确定，至于是否为解决方案创建目录我们暂时不管，主要区别在于解决方案是否和项目文件在同一目录。

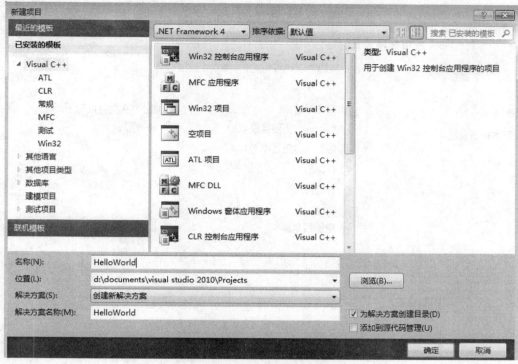

图 1-4　新建 HelloWorld 项目

接下来进入创建页面，在 Win32 应用程序向导的第一个页面直接点下一步即可。

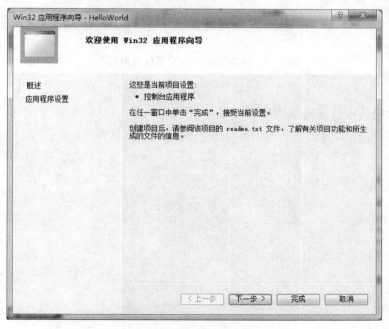

图 1-5　新建项目设置

在该页面中的附加选项里选择空项目，我们暂时不需要预编译头。

图 1-6　新建项目——控制台应用程序

点击完成。

这时一个空的项目就建立成功了。

图 1-7　新建项目完成

## 1.1.2　添加源程序

现在我们可以添加一个代码文件到工程中，这个代码文件可以是已经存在的，也可以是新建的。此时我们新建一个，右键单击项目名称，选择添加，新建项。

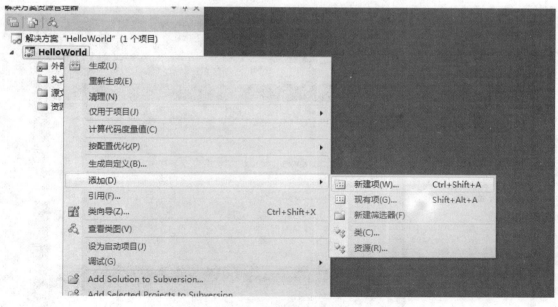

图 1-8　添加源程序

在向导中选择代码，C++文件(.cpp)，名称输入 Main，然后点击添加。

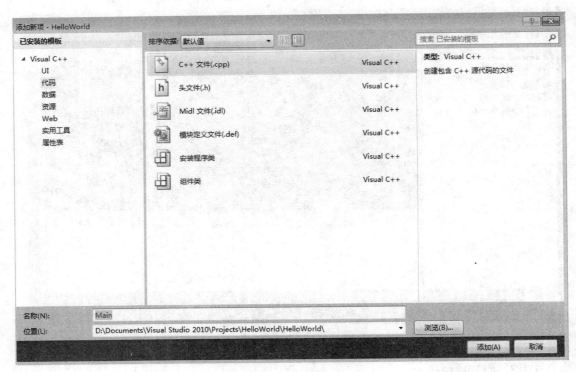

图 1-9　添加 cpp 文件

这时候已经成功添加了一个 Main 文件，注意添加新文件的时候要防止重名。然后我们输入最简单的几行代码，点击保存。

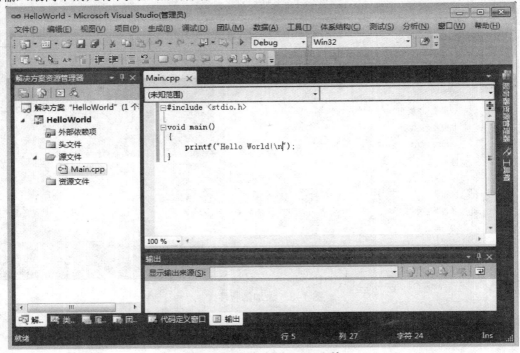

图 1-10　添加 Main.cpp 文件

### 1.1.3 编译与运行

当键入 Main.cpp 程序之后，可点击菜单"生成"中的"生成解决方案"，系统会对源文件及整个工程进行编译，最终生成可执行程序（.exe）。也可以按 F7 生成可执行程序，如图 1-11 所示。

**图 1-11 编译 HelloWorld 程序**

系统进入编译时，下面将出现输出窗口，给出编译和链接过程中的语法检查信息。如果有错误，会给出错误信息。如果没有错误，最后一行会提示生成成功。

生成成功后，我们就可以运行这个程序了。可点击菜单"调试"中的"启动调试"（快捷键 F5）或者"开始执行（不调试）"（快捷键 Ctrl+F5），系统会执行我们已经编译成功的程序。图 1-12 就是运行时的控制台窗口。

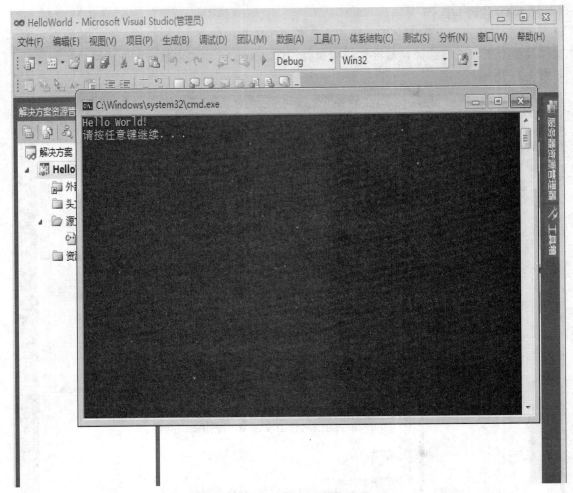

图 1-12    HelloWorld 运行结果

### 1.1.4    项目保存与再启动

当工程项目没有完成而需要暂停时，可以保存项目，以便以后继续工作。

1）保存工程

点击"文件"菜单中的"关闭解决方案"或"全部保存"可以保存工程，前者在没有保存时，会给出保存提示。

2）打开工程

点击"文件"菜单中的"打开"→"项目/解决方案"，在出现的对话框中，选择正确的工程文件夹，后打开后缀为.sln 的文件，如图 1-13 所示。

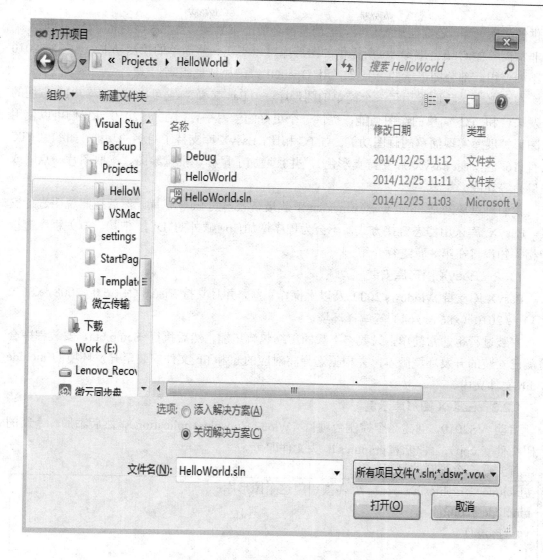

图 1-13　打开已保存的 HelloWorld 项目

　　还有一种更快的方法，可以点击"文件"菜单中的"最近使用的项目和解决方案"，会显示最近我们使用过的工程列表，然后从列表中选择即可。

　　至此，我们已经用 VS2010 创建了一个工程，编译并运行成功了。

## 1.2　EasyX 图形库

### 1.2.1　EasyX 图形库简介

　　上一节中我们已经学习了如何在 VS2010 下编写一个控制台程序，但这种程序只能做一些文字性的练习题，如果想要画出直线或者圆形还是很麻烦的，若采用 MFC（微软公司提供的类库）等，还要注册窗口类、建消息循环等非常繁琐。曾经很流行的 TC 编译器（一种非常简单的 C 语言编译器）所提供的图形库可以实现一些简单的绘图功能，但在 VS2010 下不能使用。部分图形学的书且多采用 OpenGL，门槛依然很高。

在本书中，我们采用了一个简单的图形库——EasyX 库，它可以结合 VS2010 方便的开发平台和 TC 简单的绘图功能，提供一个更好的学习平台，在 VS2010 下我们可以使用该图形扩展库实现简单的画图功能。与 TC 相比，EasyX 库支持了更多的功能，如颜色（TC 只有 16 色，而 EasyX 库支持真彩色），并且增加了鼠标、批量绘图、读取图片（点阵或矢量）等功能。

我们可以从网站 http://www.easyx.cn 下载最新版本的 EasyX 库，然后按照说明进行安装。EasyX 库采用静态链接方式，不会为程序增加任何额外的 DLL 依赖。有关程序链接的相关知识将在第 8 章进行介绍。

### 1.2.2  EasyX 图形库安装

EasyX 库支持 Windows 2000 及以上操作系统，并且支持 Visual C++ 6.0 / 2008（x86 & x64） / 2010（x86 & x64）等编译环境。

安装过程也非常简单，只要将下载的压缩包解压缩，然后执行 Setup.hta，安装程序会检测已安装的开发环境版本，并根据选择将对应的.h 和.lib 文件安装至开发环境的 include 和 lib 文件夹内。

### 1.2.3  EasyX 图形库示例

启动 VS2010，创建一个控制台项目（Win32 Console Application），然后添加一个新的代码文件（.cpp），并包含 graphics.h 头文件即可。

首先看一个画圆的例子。

```
#include <graphics.h>        // 需要引用这个图形库
#include <conio.h>
void main()
{
    initgraph(640, 480);     // 初始化图形界面
    circle(200, 200, 100);   // 画圆，圆心（200,200），半径 100
    getch();                 // 按任意键继续
    closegraph();            // 关闭图形界面
}
```

运行结果如图 1-14 所示。

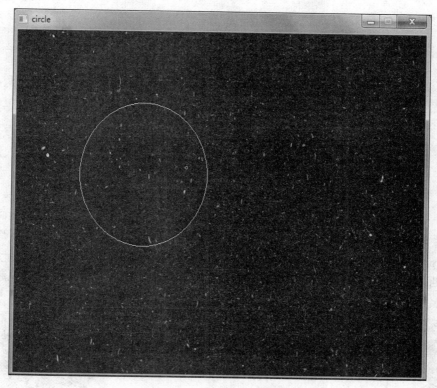

图 1-14   用 EasyX 库画圆

EasyX 库其他函数，将在第八章中介绍。除了画圆之外，还可以画其他图形，如方形，也可以画线条，甚至导入图片。这样，我们就可以实现各种各样的可视化界面了。

# 第二章　变量和运算符

## 2.1　初识小明的世界

在上一章中我们初步认识了 EasyX 图形库，并且利用它在一个简单的界面上画了一个圆。本章中我们可以利用这个图形库进行更多的操作。首先我们可以在 VS2010 环境下打开 2_1.vcxproj 工程文件。编译运行后，将会看到如图 2-1 所示的界面，界面中有一个小人，他在一个四周都是墙的空间中，其中的人物我们暂且叫他小明（当然你可以给他起一个其他好听的名字）。因此，本书中我们把这个界面叫做小明的世界。

图 2-1　小明的世界

后文中大家将会发现，小明的世界几乎贯穿于整本书，我们将逐步为小明打造一个更好的世界，所以我们有必要先简单介绍一下创建小明最初世界的工程，如图 2-2 所示。

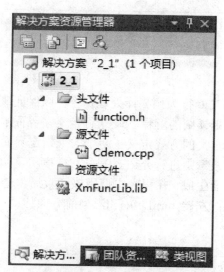

图 2-2 小明的世界工程的解决方案资源管理器

首先可以看到打开的工程中主要有三个文件：一个源代码文件 Cdemo.cpp、一个头文件 function.h 和一个库文件 XmFuncLib.lib。源代码文件是每一个 C 语言工程（windows 控制台程序工程）所必备的，其中包含一个主函数 main，作为整个程序的入口。头文件 function.h 中定义了界面大小、界面初始化函数 init() 及我们预先给小明定义的两个最基本的动作左转 turnLeft() 和沿当前方向移动一步 step()。因此，只要包含这个头文件，我们在源文件中就可以使用这些函数。库文件中包含了这些动作和初始化操作的具体实现，目前我们不需要对其过多了解，我们只需要知道包含这个库之后我们可以应用这些函数即可，函数库的具体细节我们将在第八章作详细解释。

function.h 文件如下：

```
1    /*程序 2.1 function.h*/
2    #ifndef _FUNCTION_H_
3    #define _FUNCTION_H_
4
5    /* 画图区域大小 */
6    #define DRAWINGAREAWIDTH500
7    #define DRAWINGAREAHEIGHT      400
8
9    /* 初始化
10   主要完成图像读取，界面生成
11   */
12   extern void init();
13
14   /* 基本动作——左转 */
15   extern void turnLeft();
16
```

```
17      /*  基本动作——指定方向移动一步  */
18      extern void step();
19
20      #endif
```

function.h 中，第 2、3 和 20 行为预编译处理指令，以保证该头文件不被重复包含，关于预编译处理将在第八章作更详细的解释。5—7 行定义了界面的大小，就是小明世界运行时所占区域的大小，采用宏定义的方式定义了两个宏来指定界面的宽度和高度，使用宏定义的具体好处我们也将在第八章中进行介绍。9—12 行声明了初始化函数，主要用于小明的世界中图像文件读取和界面生成，在程序中调用该函数后将会画出初始界面。14—18 行声明了两个小明的基本动作：左转 turnLeft() 和沿当前方向移动一步 step()，在程序中调用该函数就可以控制小明的移动。

Cdemo.cpp 文件如下：

```
1      /*程序 2.1 Cdemo.cpp*/
2      #include <graphics.h>
3      #include <conio.h>
4      #include <stdlib.h>
5
6      #include "function.h"
7
8      /*  自定义动作  */
9      void move()
10     {
11         return ;
12     }
13
14     int main()
15     {
16
17         initgraph(DRAWINGAREAWIDTH, DRAWINGAREAHEIGHT);
18
19         init();
20
21         while(1)
22         {
23             /*  获取按键  */
24             int key = getch();
25             if(key=='q') // 按键 q 退出
26                 break;
27             if(key=='l') // 按键 l 向左转
28                 turnLeft();
```

```
29          if(key=='s') // 按键 s 走一步
30              step();
31          if(key=='m') // 按键 m 自定义连贯动作
32              move();
33       }
34
35       closegraph();
36
37       return 0;
38    }
```

Cdemo.cpp 中 2—4 行用<>包含的为系统头文件，包括我们所用图形库所需的头文件 <graphics.h>，第 6 行为本工程中自定义库所使用的头文件，也就是上文介绍的 function.h。8—12 行是我们在本工程中自定义的一个函数 move()，目前该函数什么都没有做，因为它只有一个 return 语句，后面我们将对它进行完善以完成更多的动作。14—38 行是主函数 main()，每一个 C 语言工程里都应包含这样一个函数，作为程序运行的入口，即每个工程运行时都是从 main 函数开始的。下面我们就来仔细地分析一下 main 函数，看看目前小明的世界工程可以做什么操作。

17 行的函数我们在上一章使用 EasyX 库建立简单绘图环境时见到过，调用该函数将初始化一个 DRAWINGAREAWIDTH 宽和 DRAWINGAREAHEIGHT 高的绘图环境，其中 DRAWINGAREAWIDTH 和 DRAWINGAREAHEIGHT 在 function.h 中已经通过宏定义声明过，分别是 500 和 400，因此执行完该语句时将建立一个 500×400 的绘图环境，小明的世界就搭建在这个绘图环境中。

19 行 init 函数在 function.h 中声明过，调用该函数后将画出小明的世界。

21—33 行是整个 main 函数的主体，首先使用 while 语句建立一个循环（21、22 和 33 行），在循环中调用 getch 函数获取键盘按键的动作，如果有键盘按键，将会把按键值赋给一个局部变量 key（23、24 行），接下来就采用一系列 if 判断语句根据不同的 key 值执行不同的函数。如 key 值为 'q'，即按键盘的 q 键，则执行 break 语句，该语句将跳出 while 循环；如 key 值为 'l'， 即按键盘的 l 键，则执行 turnLeft 函数；如 key 值为 's'， 即按键盘的 s 键，则执行 step 函数；如 key 值为 'm'， 即按键盘的 m 键，则执行 move 函数。控制语句我们将在第三章再做详细介绍。

35 行 closegraph 函数也在上一章中介绍过，调用该函数将关闭绘图环境。

37 行 return 语句，结束整个程序。

通过上文对主函数的分析，可以发现实际上我们可以通过键盘来对目前的小明进行一些简单的控制，大家可以在运行程序后按下 l 键、s 键来控制小明的移动，按 q 键退出程序。当然也可以按其他按键，但应该不会发生什么。

# 2.2    基础知识回顾与扩展

通过小明的世界这个程序，我们可以简单地复习一下 C 语言里最基础的语法部分：数据类型和运算符等相关知识，如变量的声明和定义（Cdemo.cpp 24 行 int key），运算符操作（如 Cdemo.cpp 24 行赋值运算符=，25 行判断是否相等运算符==）和表达式等基础语法。正是这些基础语法加上一些控制结构组合而形成了各种各样的 C 语言程序，实现千变万化的功能。

## 2.2.1    变量

变量（Variable）是编程语言最重要的概念之一，变量是计算机存储器中的一块命名的空间，可以在其中存储一个值（Value），存储的值是可以随时变化的，比如此次存储数值 0 下次存储数值 1，正因为变量的值可以随时改变，所以才叫变量。

声明变量的一般形式为：

Datatype variablename;

Datatype 是变量的类型，variablename 为所声明的变量名称。

定义后初始化变量：

Datatype variablename;

variablename = value;

该语句为变量 variablename 进行赋值，将其存储空间里的值置为 value。

定义时初始化变量：

Datatype variablename = value;

上述语句在定义变量 variablename 的同时对其进行赋值，并将其存储空间里的值置为 value。

---

**在 C 语言中，变量命名需要遵循一定的规则：**
- ❑ 变量名可以由字母、数字和 _（下划线）组合而成
- ❑ 变量名不能包含除 _ 以外的任何特殊字符，如：%、# 、逗号、空格等
- ❑ 变量名必须以字母或 _（下划线）开头
- ❑ 变量名不能包含空白字符（换行符、空格和制表符称为空白字符）
- ❑ C 语言中的某些词（例如 int 和 float 等）称为保留字，具有特殊意义，不能用作变量名
- ❑ C 语言区分大小写，因此变量 price 与变量 Price 是两个不同的变量

---

## 2.2.2    基本数据类型

变量声明或定义中的 Datatype 就是变量的类型。C 语言中包含的数据类型如图 2-3 所示。

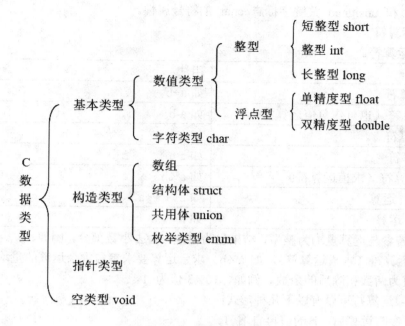

**图 2-3 C 语言数据类型**

其中，short、int、long、char、float、double 这六个关键字代表 C 语言里的六种基本数据类型，并分为有符号类型 signed 和无符号类型 unsigned 两种。

1）有符号整数：这种类型可以取正值及负值。

int：系统的基本整数类型，C 保证 int 类型至少有 16 位长，目前我们所用的几乎所有系统中 int 都是 32 位的；

short 或 short int：最大的 short 整数不大于最大的 int 整数值。C 保证 short 类型至少有 16 位长。

long 或 long int：这种类型的整数不小于最大的 int 整数值，C 保证 long 至少有 32 位长。

long long 或 long long int：这种类型的整数不小于最大的 long 整数值。long long 类型至少有 64 位长。

2）无符号整数：无符号整数只有 0 和正值，这使得无符号数可以表达比有符号数更大的正值。使用 unsigned 关键字表示无符号数，例如，unsigned int、unsigned long 和 unsigned short。单独的 unsigned 等价于 unsigned int。

3）实浮点数：实浮点数可以有正值或负值。

float:系统的基本浮点类型。至少能精确表示 6 位有效数字。

double：范围（可能）更大的浮点类型。能表示比 float 类型更多的有效数字（至少 10 位，通常会更多）以及更大的指数。

4）字符：字符包括印刷字符，如 A、& 和+。在定义中，char 类型使用 1 个字节的存储空间表示一个字符。出于历史原因，字节通常为 8 位，但出于表示基本字符集的需要，它也可以为 16 位或者更长。

char：字符类型的关键字。一些使用有符号的 char，另外一些则使用无符号 char。C 允许使用 signed 和 unsigned 关键字标志 char 的符号属性。

### 2.2.3 运算符

**1) 算术运算符。**

| 算术运算符 | 用法 |
| --- | --- |
| + 加法运算符 | 如 a+b |
| - 减法运算符（也可作负值运算符） | 如 a-b |
| * 乘法运算符 | 如 a*b |
| / 除法运算符 | 如 a/b |
| % 求余运算符（求模运算符） | 如 a%b |
| ++ 自增 1 运算 | 如 a++ ++a |
| -- 自减 1 运算 | 如 a-- --a |

"/" 时，若参与运算量均为整型，结果也为整型，舍去小数部分，例如，6/2=3，7/2=3。

% 求余运算符（求模运算符），如 a%b。求余运算要求参与求余运算的量均为整型。求余运算的值为两数相除后的余数。例如，10%3 值为 1。

++ 和 -- 运算符可以有以下几种形式：

i++ 即 i 参与运算后，i 的值再自增 1。

i-- 即 i 参与运算后，i 的值再自减 1。

++i 即 i 自增 1 后，再参与运算。

--i 即 i 自减 1 后，再参与运算。

**2) 关系运算符（用于比较运算）。**

| 关系运算符 | 用法 |
| --- | --- |
| > 大于 | 如 a>b |
| < 小于 | 如 a<b |
| == 等于 | 如 a==b |
| >= 大于等于 | 如 a>=b |
| <= 小于等于 | 如 a<=b |
| != 不等于 | 如 a!=b |

当两个表达式用关系运算符连接起来时就成为了关系表达式，通常关系运算符用来判断某个条件是否成立。当条件成立，运算的结果为真；当条件不成立，运算的结果为假。在 C 语言中用关系运算符的结果只有 "0"（false）和 "1"（true）两种。

例如：int a,b,c; a=5,b=7;

c =（5<7）　//因为 5 小于 7 所以条件成立，结果为真，即 c=1。

c =（5>7）　//因为 5 小于 7，所以条件不成立，结果为假，即 c=0。

c =（5==7）　//因为 5 小于 7，所以条件不成立，结果为假，即 c=0。

**3) 逻辑运算符。**

| 逻辑运算符 | 用法 |
| --- | --- |
| && 逻辑与 | 条件式 1 && 条件式 2 |
| \|\| 逻辑或 | 条件式 1 \|\| 条件式 2 |
| ! 逻辑非 | ! 条件式 |

逻辑与运算符&&连接的两个条件均为真时，运算结果为真，否则为假；逻辑或运算符||连接的两个条件任一为真时，结果为真；当两个条件同为假时，结果为假；逻辑非运算符！把当前的结果取反，作为最终的运算结果。

**4）赋值运算符（用于赋值运算）。**

| 赋值运算符 | 用法 |
|---|---|
| = 赋值(简单赋值) | 变量=表达式，如 x=a+b |
| += 加法赋值 | a += b |
| —= 减法赋值 | a —= b |
| *= 乘法赋值 | a *= b |
| /= 除法赋值 | a /= b |
| %= 求余赋值 | a %= b |

关于简单赋值：如果在运算的表达式中，赋值运算符两边的数据类型不同，系统将自动进行类型转换，即将赋值号右边的类型转换为左边的类型。具体规定如下。

（1）实型数赋予整型数：舍去小数部分。

（2）整型数赋予实型数：数值不变，但将以浮点数的形式存放，即增加小数部分（小数部分的值为"0"）。

（3）字符型数赋予整型数：由于字符型数为一个字节，而整型数为两个字节。字符型数赋值于低位，高位则补"0"。

（4）整型数赋值于字符型数：只把低八位赋予字符量，而高位则丢弃。

关于更多类型转换细节，我们将在 2.2.5 节进行介绍。

复合赋值运算符的作用是先将复合运算符右边表达式的结果与左边的变量进行算术运算，然后再将最终结果赋予左边的变量。所以复合赋值运算要注意：

（1）复合运算符左边必须是变量。

（2）复合运算符右边的表达式计算完成后才能参与复合赋值运算。

复合运算符常用于某个变量自身的变化，尤其当左边的变量名很长时，使用复合运算符书写更方便。

**5）特殊运算符。**

**条件运算符？**

条件求值运算符是一个三目运算符,其功能是将三个表达式连接起来成为一个表达式,合法的表达形式为：

逻辑表达式？表达式 1：表达式 2

条件表达式的作用简单来说就是根据逻辑表达式的值来选择使用哪个表达式的值。当逻辑表达式的值为真时（非 0 值），整个表达式的值为表达式 1 的值；当逻辑表达式的值为假（0 值），整个表达式的值为表达式 2 的值。

例如有 a=1，b=2，在程序当中比较两个值的大小，把最小的值放入 y 中，程序可以这样写：

```
if(a<b)
    y=a;
else
    y=b;
```

上面这段程序可以用条件运算符来代替：

> *y=(a<b)? a:b*

这样程序变得更简洁，但变得较难读懂，所以还是建议初学者少用。

**逗号运算符，**

用于将若干表达式组合成一个表达式，它将两个或多个表达式联接起来，如（3+5,6+8）称为逗号表达式。

逗号表达式的形式如下：

表达式 1，表达式 2，表达式 3，......，表达式 n

逗号表达式的运算过程为：从左往右逐个计算表达式。逗号表达式作为一个整体，它的值为最后一个表达式（即表达式 n）的值。逗号运算符的优先级别在所有运算符中最低。

**指针运算符\***

用于取内容运算符。

**指针运算符&**

用于取地址运算符。

取内容和地址的一般形式分别为：

变量 =* 指针变量

指针变量 =& 目标变量

取内容运算是将指针变量所指向的目标变量的值赋给左边的变量；取地址运算是将目标变量的地址赋给左边的变量。要注意的是：指针变量中只能存放地址（即指针型数据），一般情况下不要将非指针类型的数据赋值给一个指针变量。

**求字节数运算符 sizeof**

用于计算数据类型所占的字节数，该运算符类似函数，却又不是。sizeof 是用来求数据类型、变量或是表达式的字节数的一个运算符，但它并不像"="等运算符那样在程序执行后才能计算出结果，而是直接在编译时产生结果。它的语法如下：

sizeof (数据类型)

sizeof (表达式)

**2.2.4 表达式**

C 语言中的表达式是一种有值的语法结构，它由运算符将变量、常量、函数调用返回值组合而成。表达式由操作数和运算符的组合而成，表达式中的操作数可以是变量、常量或子表达式。因此，表达式是一个递归定义的概念：一个单独的标识符（变量、常量、函数）是一个表达式，由表达式和运算符按照语法规则构成的更加复杂的表达式也是表达式。

常量和变量都可以参与加减乘除运算，例如 1+1、hour−1、hour * 60 + minute、minute/60 等。这里的+、−、*、/为算术运算符，而参与运算的常量和变量称为操作数，上述四个由运算符和操作数所组成的算式称为表达式。

在任意表达式后面加个;号也是一种语句，称为表达式语句。例如：

> *hour* * 60 + *minute*;

这是个合法的语句，但这个语句在程序中起不到任何作用，把 hour 的值和 minute 的值取出来加乘，却没有保存得到的计算结果，没有计算意义。再比如：

> int total_minute;
>
> total_minute = *hour* * 60 + *minute*;

这个语句就很有意义，把计算结果保存在另一个变量 total_minute 里。等号是赋值运算符，赋值语句就是一种表达式语句，等号的优先级比+和*都低，所以先算出等号右边的结果然后才做赋值操作，整个表达式 total_minute = hour * 60 + minute 加;号后构成一个语句。

任何表达式都有值和类型两个基本属性。hour * 60 + minute 的值是由三个 int 型的操作数计算出来的，所以这个表达式的类型也是 int 型。同理，表达式 total_minute = hour * 60 + minute 的类型也是 int，它的值是多少呢？C 语言规定等号运算符的计算结果就是等号左边被赋予的那个值，所以这个表达式的值和 hour * 60 + minute 的值相同，也和 total_minute 的值相同。

常见的表达式包括常量表达式、算术表达式、关系表达式和逻辑表达式及复合表达式等。

下面列出了我们在使用表达式时应遵守的一些规则。

---

**表达式使用规则**

【规则】不要编写太复杂的复合表达式。例如：

i = a >= b && c < d && c + f <= g + h ; // 复合表达式过于复杂

【规则】不要有多用途的复合表达式。例如：

d = (a = b + c) + r ;

该表达式既求 a 值又求 d 值。应该拆分为两个独立的语句：

a = b + c;

d = a + r;

【规则】不要把程序中的复合表达式与"真正的数学表达式"混淆。例如：

if (a < b < c) // a < b < c 是数学表达式而不是程序表达式，并不表示

if ((a<b) && (b<c))

而是成了令人费解的

if ( (a<b)<c )

【规则】如果代码行中的运算符比较多，应用括号确定表达式的操作顺序，避免使用默认的优先级。由于熟记运算符优先级比较困难，为了防止产生歧义并提高可读性，应当用括号确定表达式的操作顺序。例如：

word = (high << 8) | low

if ((a | b) && (a & c))

---

### 2.2.5 位运算

整数在计算机中用二进制的位来表示，C 语言提供一些运算符可以直接操作整数中的位，称为位运算，这些运算符的操作数都必须是整型的。在以后的学习中我们会发现，有些信息利用整数中的某几个位来存储，要访问这些位，仅仅有对整数的操作是不够的，必须借助位运算，例如字符编码常用的 UTF-8 编码。本节首先介绍各种位运算符，然后介绍与位运算有关的编程技巧。

**1) 按位与、或、异或、取反运算。**

整数中的位可以做与、或、非运算，C 语言提供了按位与（Bitwise AND）运算符&、按位或（Bitwise OR）运算符|和按位取反（Bitwise NOT）运算符~，此外还有按位异或（Bitwise XOR）运算符^。下面用二进制的形式举几个例子。

```
        00000011        00000011        00000011
   &    00000101    |   00000101    ^   00000101    ~   11111100
        00000001        00000111        00000110        00000011
```

图 2-4  位运算

注意，运算符&、|、^都要做类型转换（其中有一步是整型提升），运算符~也要做整型提升，所以 C 语言中其实并不存在 8 位整数的位运算，操作数在做位运算之前都至少被提升为 int 型，上文 8 位整数举例只是为了书写方便。比如：

> unsigned char c = 0xfc;
>
> unsigned int i = ~c;

计算过程是这样的：常量 0xfc 是 int 型的，赋给 c 要转成 unsigned char，值不变；c 的十六进制表示是 fc，计算~c 时先提升为整型（000000fc）然后取反，最后结果是 ffffff03。注意，如果把~c 看成是 8 位整数的取反，最后结果等于 3，就是错误的。为了避免出错，一是尽量避免不同类型之间的赋值，二是每一步计算都要按上一章讲的类型转换规则仔细检查。

**2）移位运算**

移位运算符（Bitwise Shift）包括左移<<和右移>>。左移将一个整数的各二进制位全部左移若干位，例如，0xcfffffff3<<2 得到 0x3fffffcc：

```
       11001111111111111111111111110011
  <<                                  2
       00111111111111111111111111001100
```

图 2-5  左移运算

最高两位的 11 被移出去了，最低两位又补了两个 0，其他位依次左移两位。但要注意，移动的位数必须小于左操作数的总位数，比如上面的例子，左边是 unsigned int 型，如果左移的位数大于等于 32 位，则结果是不确定的。移位运算符不同于+ - * / ==等运算符，两边操作数的类型不要求一致，但两边操作数都要做整型提升，整个表达式的类型和左操作数提升后的类型相同。

在一定的取值范围内，将一个整数左移 1 位相当于乘以 2。比如二进制 11（十进制 3），左移一位变成 110，就是 6，再左移一位变成 1100，就是 12。读者可以自己验证这条规律，对有符号数和无符号数都成立，对负数也成立。当然，如果左移改变了最高位（符号位），那么结果肯定不是乘以 2 了，所以加了个前提"在一定的取值范围内"。由于计算机做移位比做乘法快得多，编译器可以利用这一点做优化，比如源代码中有 i * 8，可以编译成移位指令而不是乘法指令。

当操作数是无符号数时，右移运算的规则和左移类似，例如 0xcfffffff3>>2 得到 0x33fffffc：

```
       11001111111111111111111111110011
  >>                                  2
       00110011111111111111111111111100
```

图 2-6  右移运算

最低两位的 11 被移出去了，最高两位又补了两个 0，其他位依次右移两位。和左移类似，移动的位数也必须小于左操作数的总位数，否则结果是不确定的。在一定的取值范围内，将一个整数右移 1 位相当于除以 2，小数部分截掉。

当操作数是有符号数时，右移运算的规则比较复杂：

如果是正数，那么高位移入 0；

如果是负数，那么高位移入 1 还是 0 不一定，对于 x86 平台的 VC6.0 编译器，最高位移入 1，也就是仍保持负数的符号位，这种处理方式对负数仍然保持了"右移 1 位相当于除以 2"的性质。

综上所述，由于类型转换和移位等问题，用有符号数做位运算是很不方便的，所以，建议只对无符号数做位运算，以减少出错的可能。

**3）掩码。**

如果要对一个整数中的某些位进行操作，怎样表示这些位在整数中的位置呢？可以用掩码（Mask）来表示。比如，掩码 0x0000ff00 表示对一个 32 位整数的 8~15 位进行操作，举例如下。

（1）取出 8~15 位。

```
unsigned int a, b, mask = 0x0000ff00;
a = 0x12345678;
b = (a & mask) >> 8; /* 0x00000056 */
```

这样也可以达到同样的效果：

```
b = (a >> 8) & ~(~0U << 8);
```

（2）将 8~15 位清 0。

```
unsigned int a, b, mask = 0x0000ff00;
a = 0x12345678;
b = a & ~mask; /* 0x12340078 */
```

（3）将 8~15 位置 1。

```
unsigned int a, b, mask = 0x0000ff00;
a = 0x12345678;
b = a | mask; /* 0x1234ff78 */
```

**4）异或运算的一些特性。**

（1）异或运算时，不管是 0 还是 1，和 0 做异或保持原值不变，和 1 做异或得到原值的相反值。可以利用这个特性配合掩码实现某些位的翻转，例如：

```
unsigned int a, b, mask = 1U << 6;
a = 0x12345678;
b = a ^ mask; /* flip the 6th bit */
```

（2）如果 a1 ^ a2 ^ a3 ^ ... ^ an 的结果是 1，则表示 a1、a2、a3...an 之中 1 的个数为奇数个，否则为偶数个。这条性质可用于奇偶校验（Parity Check），比如在串口通信过程中，每个字节的数据都计算一个校验位，数据和校验位一起发送出去，这样接收方可以根据校验位粗略地判断接收到的数据是否有误。

（3）x ^ x ^ y == y，因为 x ^ x == 0，0 ^ y == y。这个性质有什么用呢？我们来看这样一个问题：交换两个变量的值，不得借助额外的存储空间，所以就不能采用 temp = a; a = b;

b = temp;的办法了。利用位运算可以这样做交换：

```
a = a ^ b;
b = b ^ a;
a = a ^ b;
```

（4）如果 a ^ b = c，那么会有 c ^ b = a，这里 a 可以看作原始数据，b 可以看作密码，那么 c 就是加密后的数据，我们可以看到加密过程就是原始数据与密码的异或，解密过程就是加密后数据与密码的异或，应用异或这个性质我们将在第七章对文件进行加密处理。

### 2.2.6  运算符优先级

C 语言中的运算符很多，它们都可以放到同一个表达式中，这样就涉及运算符的优先级和结合性的问题。

**优先级：** C 语言中，运算符的运算优先级共分为 15 级。1 级最高，15 级最低。在表达式中，优先级较高的先于优先级较低的进行运算。而在一个运算量两侧的运算符优先级相同时，则按运算符的结合性所规定的结合方向处理。

**结合性：** C 语言中各运算符的结合性分为两种，即左结合性(自左至右)和右结合性(自右至左)。例如算术运算符的结合性是自左至右，即先左后右。如有表达式 x−y+z，则 y 应先与 "−" 号结合，执行 x−y 运算，然后再执行+z 的运算。这种自左至右的结合方向就称为 "左结合性"。而自右至左的结合方向称为 "右结合性"。最典型的右结合性运算符是赋值运算符。如 x=y=z,由于 "=" 的右结合性，应先执行 y=z 再执行 x=(y=z)运算。C 语言运算符中有不少为右结合性，应注意区别，以避免理解错误。

优先级从上到下依次递减，最上面具有最高的优先级，逗号操作符具有最低的优先级。

所有的优先级中，只有三个优先级是从右至左结合的，它们是单目运算符、条件运算符和赋值运算符。其他的都是从左至右结合。

具有最高优先级的运算符其实并不算是真正的运算符，它们是一类特殊的操作。()与函数相关，[]与数组相关，而−>及.是取结构成员；

其次是单目运算符，所有的单目运算符具有相同的优先级，本书认为在真正的运算符中它们具有最高的优先级，又由于它们都是从右至左结合的，因此*p++与*(p++)等效是毫无疑问的；

接下来是算术运算符，*、/、%的优先级当然比+、−高；

移位运算符紧随其后；

其次，关系运算符中，< <= > >=要比 == !=高一个级别，不大好理解；

所有的逻辑操作符都具有不同的优先级（单目运算符除外，! 和~）；

逻辑位操作符的 "与" 比 "或" 高，而 "异或" 则在它们之间；

其后的&&比||高；

接下来是条件运算符、赋值运算符及逗号运算符；

在 C 语言中，只有 4 个运算符规定了运算方向，它们是&&、||、条件运算符及赋值运算符；

&&、||都是先计算左边表达式的值，当左边表达式的值能确定整个表达式的值时，就不再计算右边表达式的值。如 a = 0 && b; &&运算符的左边位 0，则右边表达式 b 就不再判断；

在条件运算符中。如 a?b:c；先判断 a 的值，再根据 a 的值对 b 或 c 之中的一个进行求值；

　　赋值表达式则规定先对右边的表达式求值，因此使 a＝b＝c＝6;成为可能。

　　下表中我们列出了 C 语言所有运算符的优先级顺序和结合方向。

表 2-1　运算符优先级及结合性

| 优先级 | 运算符 | 名称或含义 | 使用形式 | 结合方向 | 说明 |
|---|---|---|---|---|---|
| 1 | [] | 数组下标 | 数组名[常量表达式] | 左到右 | |
| | () | 圆括号 | （表达式）/函数名(形参表) | | |
| | . | 成员选择（对象） | 对象.成员名 | | |
| | -> | 成员选择（指针） | 对象指针->成员名 | | |
| 2 | - | 负号运算符 | -表达式 | 右到左 | 单目运算符 |
| | (类型) | 强制类型转换 | (数据类型)表达式 | | |
| | ++ | 自增运算符 | ++变量名/变量名++ | | 单目运算符 |
| | -- | 自减运算符 | --变量名/变量名-- | | 单目运算符 |
| | * | 取值运算符 | *指针变量 | | 单目运算符 |
| | & | 取地址运算符 | &变量名 | | 单目运算符 |
| | ! | 逻辑非运算符 | !表达式 | | 单目运算符 |
| | ~ | 按位取反运算符 | ~表达式 | | 单目运算符 |
| | sizeof | 长度运算符 | sizeof(表达式) | | |
| 3 | / | 除 | 表达式/表达式 | 左到右 | 双目运算符 |
| | * | 乘 | 表达式*表达式 | | 双目运算符 |
| | % | 余数（取模） | 整型表达式/整型表达式 | | 双目运算符 |
| 4 | + | 加 | 表达式+表达式 | 左到右 | 双目运算符 |
| | - | 减 | 表达式-表达式 | | 双目运算符 |
| 5 | << | 左移 | 变量<<表达式 | 左到右 | 双目运算符 |
| | >> | 右移 | 变量>>表达式 | | 双目运算符 |
| 6 | > | 大于 | 表达式>表达式 | 左到右 | 双目运算符 |
| | >= | 大于等于 | 表达式>=表达式 | | 双目运算符 |
| | < | 小于 | 表达式<表达式 | | 双目运算符 |
| | <= | 小于等于 | 表达式<=表达式 | | 双目运算符 |
| 7 | == | 等于 | 表达式==表达式 | 左到右 | 双目运算符 |
| | != | 不等于 | 表达式!= 表达式 | | 双目运算符 |

| 8 | & | 按位与 | 表达式&表达式 | 左到右 | 双目运算符 |
|---|---|---|---|---|---|
| 9 | ^ | 按位异或 | 表达式^表达式 | 左到右 | 双目运算符 |
| 10 | \| | 按位或 | 表达式\|表达式 | 左到右 | 双目运算符 |
| 11 | && | 逻辑与 | 表达式&&表达式 | 左到右 | 双目运算符 |
| 12 | \|\| | 逻辑或 | 表达式\|\|表达式 | 左到右 | 双目运算符 |
| 13 | ?: | 条件运算符 | 表达式 1? 表达式 2: 表达式 3 | 右到左 | 三目运算符 |
| 14 | = | 赋值运算符 | 变量=表达式 | 右到左 | |
| | /= | 除后赋值 | 变量/=表达式 | | |
| | *= | 乘后赋值 | 变量*=表达式 | | |
| | %= | 取模后赋值 | 变量%=表达式 | | |
| | += | 加后赋值 | 变量+=表达式 | | |
| | -= | 减后赋值 | 变量-=表达式 | | |
| | <<= | 左移后赋值 | 变量<<=表达式 | | |
| | >>= | 右移后赋值 | 变量>>=表达式 | | |
| | &= | 按位与后赋值 | 变量&=表达式 | | |
| | ^= | 按位异或后赋值 | 变量^=表达式 | | |
| | \|= | 按位或后赋值 | 变量\|=表达式 | | |
| 15 | , | 逗号运算符 | 表达式,表达式,... | 左到右 | 从左向右顺序运算 |

在编程过程中使用运算符时熟记上表是很不容易的，一不小心就会用错。一些运算符的优先级顺序并不像我们想象得那么直观。下面这段代码利用位运算符来判断 a 是否是偶数并执行相应的语句;

```
int a;
// ......
if(a&0x01= =0)
{
    //a 是偶数
}
else
{
    // a  是奇数
}
```

初步看来没有什么问题，一般来说，算术运算符的优先级都是高于关系运算符的，但是查上边的运算符优先级表我们可以发现，按位与位运算符&的优先级是低于关系运算符

==的。所以，真正的执行顺序是先执行 0x01==0，该表达式结果为假，数值上为 0，那么该判断语句就变成 if(a&0)，任何一个整数 a 按位与 0 的结果都为 0，那么该表达式(a&0x01==0)的值永远为假，即使 a 为偶数，也不会执行相应的语句，整个程序的逻辑就不对了。这就是由于运算符优先级错误所引起的一个难以发现的问题，由于熟记优先级表比较困难，避免该类错误最简单的方法就是用()来显式的表示出真正所要表达的操作顺序，如上面的例子需要改成 if((a&0x01)==0)，避免使用默认的优先级，这样可以防止产生歧义并提高可读性。

## 2.3　面向过程编程思想

C 语言是一个面向过程的语言，目前我们用 C 语言写程序的时候都是采用一种"面向过程"的编程思想。这是一种以事件为中心的编程思想。首先我们把要解决的问题抽象为一个过程，并通过不断对过程进行细分来解决问题，分析解决问题所需要的步骤，然后用函数把这些步骤一步一步实现，使用的时候一个一个依次调用就可以了。

面向过程其实是最为实际也是最普遍的一种思考方式，就算以后我们可能会学习 C++、Java 语言时要学到的面向对象的思想也包含面向过程的思想。可以说面向过程是一种基础的方法，它考虑的是实际的实现。一般的面向过程是从上往下逐步求精，所以面向过程最重要的是模块化的思想方法，如果程序的流程很清楚，按模块与函数的方法就可以很好地组织整个程序。以学生早上起床到教室上课的事情为例，可以粗略地将过程拟为以下几个步骤：

(1)起床；

(2)穿衣；

(3)洗脸刷牙；

(4)吃早饭；

(5)到教室。

按这 5 个步骤顺序一步一步地完成，就可以实现从起床到上课这样一个任务。这其中的每一步都可以进行分解，如洗脸刷牙可以分解成洗脸和刷牙，其中的刷牙又可分为准备牙膏和牙刷、漱口、涂牙膏、用牙刷刷牙、漱口等一系列动作，每一步又可再次细分，直到分解为一个原子动作（细的不能再细的动作，例如可以用一个表达式来实现的操作）时，我们的分解就算结束了，这时就可以用编程语言来对这样的一个过程进行编程，每一个大的步骤是一个模块，模块中用函数来进行组织，函数内部按照细分的动作采用不同的运算符和表达式进行实现，最终完成整个过程（程序）。

以本章中的小明的世界为例，现在我们需要让小明从初始的左上角走到右下角的位置，如图 2-7 所示。

图 2-7　小明从左上角走到右下角

　　已知小明的世界中宽度和高度都为 20 个单位长度，周围的墙占一个单位长度，并且已知小明目前两个最基本的动作为向左转和向当前方向走一步。所以要完成从左上角走到右下角这样一个任务（过程）我们可以进行如下分解。

　　(1)走到右上角。

图 2-8　小明走到右上角

(2)转到向下的方向。

**图 2- 9 小明转到向下的方向**

(3)走到右下角。

**图 2- 10 小明走到右下角**

其中，走到右上角的过程可以进一步分解成向当前方向走一步……，一共需要走 17

步。

　　由于当前方向是向右，转到向下的方向的过程可以进一步分解成向左转，向左转，向左转。

　　走到右下角的过程同样可以进一步分解成向当前方向走一步……，同样也需要走 17步。

　　经过如上分析，我们可以将整个过程写到函数 move()中。Cdemo.cpp 文件中的 move 函数如下。

```
8        /* 自定义动作 */
9        void move()
10       {
11           /* (1)走到右上角  */
12           step();step();step();step();step();
13           step();step();step();step();step();
14           step();step();step();step();step();
15           step();step();
16           /* (2)转到向下的方向  */
17           turnLeft();turnLeft();turnLeft();
18           /* (3)走到右下角  */
19           step();step();step();step();step();
20           step();step();step();step();step();
21           step();step();step();step();step();
22           step();step();
23           return ;
24       }
```

　　重新编译工程并运行，按下 m 键，大家会发现小明快速地走到了指定的位置。大家想想，还有完成走到右下角的任务的其他方法吗？如何实现呢？

# 第三章 控制语句

在上一章中，我们采用 3 个步骤让小明从左上角走到了右下角。在编程过程中我们发现，每一个步骤中都有很多重复的语句，如走到右上角共调用了 17 次 step()函数，转到向下的方向调用了 3 次 turnLeft()函数，走到右下角也调用了 17 次 step()函数。调用一次函数我们就写一个函数的名称，如果小明的世界宽度和高度为 1000 个单位时，我们就需要调用将近 1000 次 step()函数，难道我们要拷贝将近 1000 次 step()？

大家都学过控制语句，肯定知道可以不这么麻烦，我们完全可以采用控制语句中的循环结构来完成这样的操作。那么我们就先来复习一下控制语句。

## 3.1　基础知识回顾与扩展

几乎所有的程序都可以用 3 种控制结构实现，即顺序结构、选择结构和循环结构。

顺序结构是使用最多也是最简单的控制结构，无论在 C++/C 语言还是其他中高级语言中都是如此。计算机本来就是逐条执行程序语句的，顺序结构都是内置在语言中的，也是其他控制结构的基础。而其他两种结构则大大丰富了程序设计的组织逻辑。本节主要回顾这两种结构。

### 3.1.1　选择结构

计算机在本质上就是能够执行运算和做出逻辑判断的机器，它的这种能力可以通过编程语言中的选择结构（即判断结构）表现出来。C++/C 有 3 种基本基本的选择结构：if 语句（单选择）、if/else 语句（双重选择）和 switch 语句（多重选择）。

**1. if 语句**

    if (条件表达式)

    {

        语句序列

    }

比如：

```
if (x == 0)
{
    printf("x is zero.\n");
}
```

> **注意：**
> ①这里的==表示数学中的相等关系，相当于数学中的=号，初学者常犯的错误是在控制表达式中把==写成=，在 C 语言中=号是赋值运算符，两者的含义完全不同。

    ②如果表达式所表示的比较关系成立则值为真（True），否则为假（False），在 C 语言中分别用 int 型的 1 和 0 表示。如果变量 x 的值是-1，那么 x>0 这个表达式的值为 0，x>-2 这个表达式的值为 1。

    ③在数学中 a<b<c 表示 b 既大于 a 又小于 c，但作为 C 语言表达式却不是这样。以上几种运算符都是左结合的，我们可以想一下这个表达式应如何求值。

    按理说，if 语句是 C++/C 语言中比较简单和常用的语句，然而很多初学者书写 if 语句时总会存在隐含的错误，例如下面的一个比较典型的例子。

    我们想对一个浮点数 float f 进行判断，看它是否为 0，可以使用条件判断来书写。

```
if(f==0.0)
{
    // do something
}
```

    但真正运行起来会出现问题。原因在哪里呢？

    计算机表示浮点数（float 或 double 类型）都有一个精度限制。对于超出了精度限制的浮点数，计算机会把它们的精度之外的小数部分截断。因此，本来不相等的两个浮点数在计算机中可能就变得相等了。例如：

    float a = 10.222222225, b = 10.222222229;

    从数学意义上，a 和 b 是不相等的，但是在 32 位计算机中它们就是相等的。因此，如果两个同符号浮点数之差的绝对值小于或等于某一个可接受的误差（即精度），就认为它们是相等的，否则就是不相等的。

    所以在比较两个浮点数时，不要直接用"=="或"!="进行比较，虽然 C++/C 语言支持直接对浮点数进行==和!=的比较操作，但是由于它们采用的精度往往比我们实际应用中要求的精度高，所以可能导致不符合实际需求的结果甚至错误。

    假设有两个浮点变量 x 和 y，精度定义为 EPSILON = 1e-6，则错误的比较方式如下：

if( x == y )     //隐含错误的比较

if( x != y )     //隐含错误的比较

应该转化为正确的比较方式：

if( abs( x - y ) <= EPSILON)    //x 等于 y

if( abs( x - y ) > EPSILON)    //x 不等于 y

同理，x 与 0 值比较的正确方式为：

if( abs( x ) <= EPSILON)    //x 等于 0

if( abs( x ) > EPSILON)    //x 不等于 0

    从数学意义上讲，两个不同的数字之间存在着无穷个实数。计算机只能区分至少 1bit 不同的两个数字，并且使用较少的位（32 或 64 位）来表示一个很大范围内的数字，因此浮点表示只能是一种近似结果。在针对实际应用环境编程时，总是有一个精度要求，直接比较一个浮点数和另外一个值（浮点数或者整数）是否相等（==）或不等（！=）可能得不到符合实际需要的结果。同样的，也不要在很大的浮点数和很小的浮点数之间进行运算，比如：

    10000000000.00 + 0.00000000001

    这样计算后的结果可能会让你大吃一惊。

**2. if/else 语句**

```
if (条件表达式)
{
    语句序列 1
}else
{
    语句序列 2
}
```

C++/C 也支持下面的 if/else 结构：

```
if(…){…}
else if(…){…}
else if(…){…}
else{…}
```

上面的例子中，if 和 else 是完全匹配的，我们可以比较容易地分辨出具体的判断关系，但是当嵌套的 if/else 语句中 if 和 else 并不匹配，并且也没有明显的括号进行标记时，应该怎么理解它们之间的关系呢，例如：

```
if(A)
    if(B)
        C
else
    D
```

如果我们仅仅通过代码的缩进来判断，那么上面代码中的 else 应该和 if(A)相对应，但代码的实际执行却不是这样，else 实际上是和 if(B)相对应的。C 语言有这样的规定：else 始终与同一括号内最近的未匹配的 if 语句结合。因此应该理解成 else 和 if (B)配对。如果要让 else 和 if(A)对应，应该在合适的位置加上大括号予以区分。

> **注意：**
> 在 if/else 结构中，应该尽量把为 TRUE 的概率较高的条件判断置于前面，这样可以提高该段程序的性能。先处理正常情况，再处理异常情况。

在编写代码时，要令正常情况的执行代码清晰，确认那些不常发生的异常情况处理代码不会遮掩正常的执行路径。这样对于代码的可读性和性能都很重要。因为，if 语句总是需要做判断，而正常情况一般比异常情况发生的概率更大，如果把执行概率更大的代码放到后面，也就意味着 if 语句将进行多次无谓的比较。另外，非常重要的一点是，要把正常情况的处理放在 if 后面，而不要放在 else 后面。当然这也符合把正常情况的处理放在前面的要求。

**3. switch 语句**

if、else 一般表示两个分支或者嵌套表示少量的分支，但如果分支很多的话，应采用 switch、case 组合。一方面，使用 switch 语句会使代码更清晰，另一方面，编译器有时会对 switch 语句进行整体优化，使它比等价的 if/else 语句所生成的指令效率更高。

switch 语句可以产生具有多个分支的控制流程。它的格式是：

switch (控制表达式) {

```
case 常量表达式： 语句列表
case 常量表达式： 语句列表
...
default： 语句列表
}
```

C 语言规定各 case 分支的常量表达式必须互不相同，如果控制表达式不等于任何一个常量表达式，则从 default 分支开始执行，通常把 default 分支写在最后，但不是必需的。

> **注意：**
> ①case 后的表达式必须是常量表达式，其值和全局变量的初始值一样必须在编译时计算出来。
> ②case 后面的语句列表最后通常要加上 break 语句，否则进入到该 case 后程序会自动执行下一个 case 语句列表的内容。

### 3.1.2 循环结构

#### 1. while 语句

在求 n!的时候，我们通常采用递归的方法，其实每次递归调用都在重复做同样一件事，就是把 n 乘到(n-1)!上，然后把结果返回。虽然重复，但每次都略有一点区别（n 的值不一样），这种每次都有一点区别的重复工作称为迭代（Iteration）。我们使用计算机的主要目的之一就是让其进行重复迭代的工作，因为重复一件工作成千上万次而不出错正是计算机最擅长的，也是人类最不擅长的。虽然使用迭代用递归即可，但 C 语言提供了循环语句使迭代程序写起来更方便。例如，factorial 用 while 语句可以写成：

```
int factorial(int n)
{
    int result = 1;
    while (n > 0) {
        result = result * n;
        n = n - 1;
    }
    return result;
}
```

和 if 语句类似，while 语句由一个控制表达式和一个子语句组成，子语句可以是由若干条语句组成的语句块。

　　　语句 → while (控制表达式) 语句

如果控制表达式的值为真，子语句就被执行，然后再次测试控制表达式的值，如果还是真，就把子语句再执行一遍，再测试控制表达式的值……这种控制流程称为循环（Loop），子语句称为循环体。如果某次测试控制表达式的值为假，就跳出循环执行后面的 return 语句，如果第一次测试控制表达式的值为假，那么直接跳到 return 语句，循环体一次都不执行。

变量 result 在这个循环中起到的是累加器（Accumulator）的作用，把每次循环的中间结果累积起来，循环结束后得到的累积值就是最终结果，由于这个例子是用乘法来累积的，所以 result 的初值是 1,如果用加法累积，则 result 的初值应该是 0。变量 n 是循环变量（Loop

Variable），每次循环要改变它的值，在控制表达式中要测试它的值，这两点合起来起到控制循环次数的作用，在这个例子中 n 的值是递减的，也有些循环采用递增的循环变量。这个例子具有一定的典型性，累加器和循环变量这两种模式在循环中都很常见。

**2. do/while 语句**

do/while 语句的语法是：

语句 → do 语句 while (控制表达式);

while 语句先测试控制表达式的值再执行循环体，而 do/while 语句先执行循环体再测试控制表达式的值。如果控制表达式的值一开始就是假，while 语句的循环体一次都不执行，而 do/while 语句的循环体仍然要执行一次再跳出循环。其实只要有 while 循环就足够了，do/while 循环和后面要讲的 for 循环都可以改写成 while 循环，只不过有些情况下用 do/while 或 for 循环写起来更简便，代码更易读。上文的 factorial 也可以改用 do/while 循环书写。

```
int factorial(int n)
{
    int result = 1;
    int i = 1;
    do {
        result = result * i;
        i = i + 1;
    } while (i <= n);
    return result;
}
```

写循环一定要注意循环即将结束时控制表达式的临界条件是否准确，上面的循环结束条件如果写成 i < n 就错了，当 i == n 时跳出循环，最后的结果中就少乘了一个 n。虽然变量名应该尽可能起得有意义一些，不过用 i、j、k 给循环变量起名是很常见的。

> **while 和 do-while 循环的区别**
>
> while 循环是先判断后执行，所以，如果条件为假，则循环体一次也不会被执行。
>
> do-while 循环是先执行后判断，所以，即使开始条件为假，循环体也至少会被执行一次。

**3. for 语句**

前文中我们在 while 和 do/while 循环中使用循环变量，其实使用循环变量最常见的是 for 循环形式。for 语句的语法是：

for (控制表达式 1; 控制表达式 2; 控制表达式 3) 语句

如果不考虑循环体中包含 continue 语句的情况（稍后介绍 continue 语句），for 循环等价于下面的 while 循环：

控制表达式 1;
while (控制表达式 2) {
        语句
        控制表达式 3;
}

从这种等价形式来看，控制表达式 1 和 3 都可以为空，但控制表达式 2 是必不可少的，例如 for (;1;) {...}等价于 while (1) {...}死循环。C 语言规定，如果控制表达式 2 为空，则认为控制表达式 2 的值为真，因此死循环也可以写成 for (;;) {...}。

上一节 do/while 循环的例子可以改写成 for 循环。

```
int factorial(int n)
{
    int result = 1;
    int i;
    for(i = 1; i <= n; ++i)
        result = result * i;
    return result;
}
```

在实际编程过程中，建议 for 语句的循环控制变量的取值采用"半开半闭区间"写法。示例 (1)中的 x 值属于半开半闭区间"0 =< x < N"，起点到终点的间隔为 N，循环次数为 N。示例(2)中的 x 值属于闭区间"0 =< x <= N-1"，起点到终点的间隔为 N-1，循环次数为 N。相比之下，示例(1)的写法更加直观，尽管两者的功能是相同的。

示例 (1) 循环变量属于半开半闭区间。

```
for (int x=0; x<N; x++)
{

    …

}
```

示例(2) 循环变量属于闭区间。

```
for (int x=0; x<=N-1; x++)
{

    …

}
```

### 4. break 和 continue 语句

在"switch 语句"中我们见到了 break 语句的一种用法，用来跳出 switch 语句块，这个语句也可以用来跳出循环体。continue 语句也会终止当前循环，和 break 语句不同的是，continue 语句终止当前循环后又回到循环体的开头准备执行下一次循环。对于 while 循环和 do/while 循环，执行 continue 语句之后测试控制表达式，如果值为真则继续执行下一次循环；对于 for 循环，执行 continue 语句之后首先计算控制表达式 3，然后测试控制表达式 2，如果值为真则继续执行下一次循环。例如，下面的代码为打印 1 到 100 之间的素数。

```
#include <stdio.h>
int is_prime(int n)
{
    int i;
    for (i = 2; i < n; i++)
        if (n % i == 0)
            break;
    if (i == n)
```

```
            return 1;
        else
            return 0;
}
int main(void)
{
    int i;
    for (i = 1; i <= 100; i++) {
        if (!is_prime(i))
            continue;
        printf("%d\n", i);
    }
    return 0;
}
```

　　is_prime 函数从 2 到 n-1 依次检查有没有能被 n 整除的数，如果有就说明 n 不是素数，立刻跳出循环而不执行 i++。因此，如果 n 不是素数，则循环结束后 i 一定小于 n，如果 n 是素数，则循环结束后 i 一定等于 n。注意检查临界条件：2 应该是素数，如果 n 是 2，则循环体一次也不执行，但 i 的初值就是 2，也等于 n，在程序中也判定为素数。其实没有必要从 2 一直检查到 n-1，只要从 2 检查到 sqrt(n)，如果全都不能整除就足以证明 n 是素数了。

　　在主程序中，从 1 到 100 依次检查每个数是不是素数，如果不是素数，并不直接跳出循环，而在 i++ 后继续执行下一次循环，因此用 continue 语句。注意主程序的局部变量 i 和 is_prime 中的局部变量 i 是不同的两个变量，其实在调用 is_prime 函数时主程序的局部变量 i 和参数 n 的值相等。

　　**break 和 continue 语句的用法总结**
　　①break 语句可以改变程序的控制流
　　②break 语句用于 do-while、while、for 循环中时，可使程序终止循环而执行循环后面的语句
　　③break 语句通常在循环中与条件语句一起使用。若条件值为真，将跳出循环，控制流转向循环后面的语句
　　④如果已执行 break 语句，就不会执行循环体中位于 break 语句后的语句
　　⑤在多层循环中，一个 break 语句只向外跳一层
　　⑥continue 语句只能用在循环里
　　⑦continue 语句的作用是跳过循环体中剩余的语句而执行下一次循环
　　⑧对于 while 和 do-while 循环，continue 语句执行之后的动作是条件判断；对于 for 循环，随后的动作是变量更新

### 5. 嵌套循环

　　前文求素数的例子在循环中调用一个函数，而该函数中又有一个循环，这其实是一种嵌套循环。如果单独书写该函数的代码就更清楚了。

```
#include <stdio.h>
```

```
int main(void)
{
    int i, j;
    for (i = 1; i <= 100; i++) {
        for (j = 2; j < i; j++)
            if (i % j == 0)
                break;
        if (j == i)
            printf("%d\n", i);
    }
    return 0;
}
```

现在内循环的循环变量不能再使用 i，而要改用 j，原来程序中 is_prime 函数的参数 n 现在直接用 i 代替。在有多层循环或 switch 嵌套的情况下，break 只能跳出最内层的循环或 switch，continue 也只能终止最内层循环并回到该循环的开头。

用循环也可以打印表格式的数据，比如打印小九九乘法表。

```
#include <stdio.h>

int main(void)
{
    int i, j;
    for (i=1; i<=9; i++) {
        for (j=1; j<=9; j++)
            printf("%d   ", i*j);
        printf("\n");
    }
    return 0;
}
```

内循环每次打印一个数，数与数之间用两个空格隔开，外循环每次打印一行。结果如下：

```
1  2  3  4  5  6  7  8  9
2  4  6  8  10 12 14 16 18
3  6  9  12 15 18 21 24 27
4  8  12 16 20 24 28 32 36
5  10 15 20 25 30 35 40 45
6  12 18 24 30 36 42 48 54
7  14 21 28 35 42 49 56 63
8  16 24 32 40 48 56 64 72
9  18 27 36 45 54 63 72 81
```

结果中有一位数和两位数，使表格不整齐，如果把打印语句改为 printf("%d\t", i*j);就整齐了，所以 Tab 字符称为制表符。

### 6. goto 语句和标号

除了分支和循环，还有最后一种影响控制流程的语句，就是 goto 语句，它可以实现无条件跳转。我们知道 break 只能跳出最内层的循环，如果在一个嵌套循环中遇到某个错误条件需要立即跳出最外层循环做出错处理，就可以用 goto 语句，如下图所示。

```
for (...)
    for (...) {
        ...
        if (出现错误条件)
            goto error;
    }
error:
    出错处理;
```

这里的 error:叫做标号（Label），任何语句前面都可以加若干个标号，每个标号的命名也要遵循标识符的命名规则。

goto 语句非常强大，从程序中的任何地方都可以无条件地跳转到其他任何地方，只要在需要跳转的地方定义一个标号即可，唯一的限制是 goto 只能跳转到同一个函数中的某个标号处，而不能跳转到别的函数中。滥用 goto 语句会使程序的控制流程非常复杂，可读性很差。著名的计算机科学家 Edsger W. Dijkstra 最早指出编程语言中 goto 语句的危害，提倡取消 goto 语句。goto 语句不是必须存在的，显然可以用别的办法替代，比如上文的代码段可以改写为：

```
int cond = 0; /* bool variable indicating error condition */
for (...) {
    for (...) {
        ...
        if (出现错误条件) {
            cond = 1;
            break;
        }
    }
    if (cond)
        break;
}
if (cond)
    出错处理;
```

通常 goto 语句只用于这种场合，一个函数中任何地方出现了错误条件都可以立即跳转到函数末尾做出错处理（例如释放先前分配的资源、恢复先前改动过的全局变量等），处理完之后函数返回。比较用 goto 和不用 goto 的两种写法，使用 goto 语句方便很多。但是除此之外，在任何其他场合都不要轻易使用 goto 语句。有些编程语言（如 C++）中有异常（Exception）处理的语法，可以代替 goto 和 setjmp/longjmp 的这种用法。

# 3.2　小明走起来

下面我们就可以利用控制语句来完善小明的世界。

既然我们已经知道了需要重复向当前方向走一步的步数，我们就可以设置一个循环变量来完成这样的重复次数而不必写太多的 step()函数，例如走到右上角这一动作我们可以用下面的循环结构来完成。

```
int i;
for(i=0;i<17;i++)
    step();
```

同样，其他两步也可以采用循环结构来完成，因此，2.4 节的 move()函数可以用循环结构修改成如下所示。

```
/*  自定义动作  */
void move()
{
    int i;
    /* (1)走到右上角  */
    for(i=0;i<17;i++)
        step();
    /* (2)转到向下的方向  */
    for(i=0;i<3;i++)
        turnLeft();
    /* (3)走到右下角  */
    for(i=0;i<17;i++)
        step();

    return ;
}
```

这样的代码明显比原来要简洁很多，并且我们可以不用担心循环次数过多的问题，如执行近 1000 次的走一步这样的动作时我们只需要修改循环次数就可以了。

但是目前的代码还有一个问题，就是我们在写循环结构时必须要知道循环的次数，也就是小明需要向前走的步数，这些只能根据地图的大小才能够得出，但如果并不知道地图的大小该怎么办呢？

为了解决这个问题，我们需要赋予小明感知的能力，即让他能够知道他面前的是否是墙。从本章开始，我们将赋予小明一个新的基本动作函数 IsFrontWall()，该函数的返回值如果是 1，则表示小明当前所在位置面向的方向前面为墙；返回值如果为 0，则表示小明当前所在位置面向的方向前面不为墙。

现在，我们可以在 VS2010 环境下打开 3_1.vcxproj 工程文件。里面的文件结构和第二章 2.1 节的工程一模一样。不同点在于 function.h 文件中增加了函数 IsFrontWall()的声明。

```
/*  基本动作——判断前面是否为墙  */
extern int IsFrontWall();
```

我们可以在 Cdemo.cpp 中使用这个函数，并修改我们已有的代码。同样，我们希望能让小明从左上角走到右下角，完成这样一个任务仍须分解为三个步骤：(1)走到右上角，(2)转到向下的方向，(3)走到右下角。但我们此时并不知道(1)和(3)各需要走多少步（即世界的宽度和高度未知），我们只能通过感知的方式来试探着走。

在从左上角走到右上角的过程中，每走一步之前我们都需要判断面前是否为墙，如果不为墙则继续走，如果为墙则停止。这是一个典型的循环判断结构，因此我们可以采用 while 循环语句来实现。

```
while(!IsFrontWall())
    step();
```

该语句表示首先调用 IsFrontWall()函数，如果该函数返回 0，表示前面不为墙，再使用逻辑非运算符!将该表达式值置为 1，那么不为墙时执行 step();语句，小明向前走一步，如果 IsFrontWall()函数返回 1，表示前面为墙，使用逻辑非运算符!将该表达式值置为 0，那么 while 循环终止，将不会执行 step();函数，跳出循环，因此即可达到走到墙前面的目的。

通过上述分析，我们可以利用 IsFrontWall()函数重新改写 move()函数使其更加完善。

```
/*  自定义动作  */
void move()
{
    int i;
    /* (1)走到右上角  */
    while(!IsFrontWall())
        step();
    /* (2)转到向下的方向  */
    for(i=0;i<3;i++)
        turnLeft();
    /* (3)走到右下角  */
    while(!IsFrontWall())
        step();

    return ;
}
```

学习过复杂的控制语句之后，我们就可以让小明完成很多复杂的动作了。我们可以在 VS2010 环境下打开 3_2.vcxproj 工程文件。编译运行后大家可以发现小明的世界发生了一些变化，如图 3-1 所示。

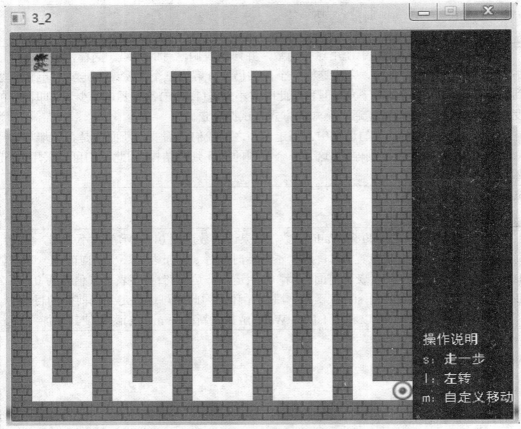

图 3-1    小明走迷宫 1

现在，小明的世界变成了一个迷宫！右下角红色圆点表示迷宫的终点。我们的目的就是要使用本章学过或复习过的知识（控制语句）让小明完成走迷宫的任务！

如果我们已经知道了当前迷宫的地图，我们就可以按照一定的步骤让小明走出迷宫。例如上面的迷宫，我们仔细观察就可以发现，这个迷宫是有一定的规律的。我们可以先让小明向下走到墙，再向右走两步，再向上走到墙，再向右走两步，按这样的规律循环四次，然后再向下走到墙，再向右走两步，即可走出迷宫。接下来我们就可以重新改写 move() 函数来完成这个任务。根据上面的分析我们可以很容易地写出下面的代码。

```c
/* 自定义动作 */
void move()
{
    int i, j;
    /* 循环 4 次*/
    for(j=0;j<4;j++)
    {
        /* 先让小明朝向向下*/
        for(i=0;i<3;i++)
            turnLeft();
```

```
        /* 走到墙 */
        while(!IsFrontWall())
            step();
        /* 小明方向向右 */
        turnLeft();
        /* 再走到墙 */
        while(!IsFrontWall())
            step();
        /* 小明方向向上 */
        turnLeft();
        /* 再走到墙 */
        while(!IsFrontWall())
            step();
        /* 小明方向向右 */
        for(i=0;i<3;i++)
            turnLeft();
        /* 再走到墙 */
        while(!IsFrontWall())
            step();
    }
    /* 先让小明朝向向下*/
    for(i=0;i<3;i++)
        turnLeft();
    /* 走到墙 */
    while(!IsFrontWall())
        step();
    /* 小明方向向右 */
    turnLeft();
    /* 走两步到终点 */
    step();step();

    return;
}
```

　　这样，小明就可以走出这个迷宫了！这里我们用了很多循环语句来完成这个任务。
　　上述迷宫具有一定的规律性，所以我们可以使用循环来实现一些规律性的动作，但是如果地图如图 3-2 所示，并且小明并不知道这个迷宫的地图，那么采用刚才的步骤也能走出去吗？恐怕不可以。

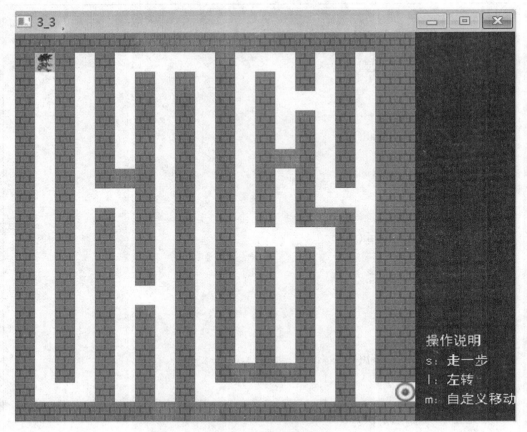

图 3-2  小明走迷宫 2

此时我们就需要一个比较通用的解法。

在不知道地图的情况下，我们还需要赋予小明一个新的感知能力，即让他知道是否已经到达迷宫的终点。我们给小明一个新的基本动作函数 IsEnd()，该函数的返回值是 1，表示小明当前已经到达终点，返回值为 0，表示小明当前还没有到达终点。同样，在 VS2010 环境下打开 3_2.vcxproj 工程文件，可以看到工程的 function.h 文件中也增加了对新函数 IsEnd() 的声明。

```
/*  基本动作——判断是否到终点  */
extern int IsEnd();
```

让小明走这样一个迷宫并不是一件简单的事情，大家可以先思考一下应该怎么走。

对于一般的迷宫来说，要从起点走到终点有一种通用的解法，即沿着左侧的墙或右侧的墙一直走，绝大多数情况下最终总会走到终点。

小明沿左侧墙走时的路线如图 3-3 所示。

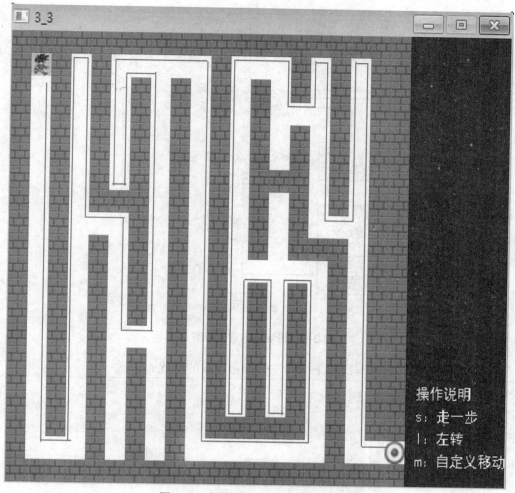

**图 3-3　小明沿左侧墙走出迷宫路线**

根据图 3-3，我们可以大致写出沿左侧墙走到迷宫终点的过程。

首先。我们判断小明当前的位置是否是终点，如果是终点，那小明就不必走了，任务完成，否则小明将一直走下去（此处应为第一层循环判断）。

然后，小明将判断当前所处位置的左侧是否为墙，如果左侧为墙则需要向前走一步（因为要沿着左侧墙走），但是此时向前走一步也需要满足一定条件，如果前面是墙则不能走。因此在左面是墙的前提下还应进一步对前面是否为墙进行判断。如果左面是墙并且前面不是墙时向前走一步；如果左面是墙同时前面也是墙时，小明需要向右转（向右转是为了使当前步中前面的墙变成下一步中左面的墙），然后继续进行同样的判断。如果左面不是墙，此时小明需要进行左转并向前走一步。

该方法我们可以用流程图更直观地展示出来，如图 3-4 所示。

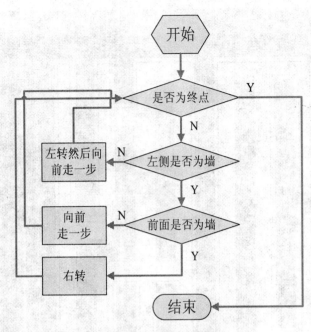

**图 3-4　沿墙走迷宫流程图**

根据流程图，我们可以写出如下的沿左侧墙走迷宫的伪代码。

```
while(没有到终点)
{
    if(左侧为墙)
    {
        if(前面为墙)
        {
            右转
        }
        else
        {
            向前走一步
        }
    }
    else
    {
        左转
            向前走一步
    }
}
```

伪代码中判断左侧是否为墙和右转的动作不存在于基本动作中，需要根据基本动作书写一个函数以实现它们。

至此，大家可以根据流程图或伪代码对 move()函数进行完善，编译通过后，按下 m 键就应该可以让小明从初始位置一直沿左侧墙走到终点了。同样的道理，我们可以试着写一下沿右侧墙走的代码，流程是一模一样的。

对于一般的地图来说，沿墙走可以完成走迷宫的任务，但是如果迷宫的地图有些变化，如图 3-5 所示，采用上述方法就会发现小明一直在转圈，是哪里出问题了呢？这说明我们目前的程序还有不完善的地方。那么，有什么方法可以解决这个问题吗？留给大家课后思考。

图 3-5　小明走迷宫 3

当然，在可以读取到迷宫地图的情况下，我们就可以对小明走迷宫有更丰富的解法。我们将在第五章进行详细介绍。

# 第四章　函数

在上一章结尾，我们基于基本动作给小明添加了两个新的动作：向右转和判断左边是否是墙。向右转我们可以写成：

```
turnLeft();
turnLeft();
turnLeft();
```
　或者
```
for(i=0;i<3;i++)
    turnLeft();
```

但是，我们不能每次进行向右转的时候都写这样三个 turnLeft() 或者写一个循环，肯定有更方便的方法。下面我们要回顾 C 语言中的函数。我们可以把这个动作进行封装，变成一个新的动作向右转，即一个新的函数 turnRight()。

## 4.1　基础知识回顾与扩展

函数是 C 程序的基本功能单元，一个函数实际上就是"输入——处理——输出"模型的一种具体体现。在面向过程的程序设计思想中，每一个过程都可以用函数来表示，每一个过程和它相邻的过程或多或少有着交互，前一个过程的输出是下一个过程的输入。函数对于构建程序是非常重要的，它极大地增强了代码的模块性，使程序变得更加易于开发和维护。

函数是模块化程序设计的基础。模块化程序设计方法按照各部分程序所实现的不同功能把程序划分为多个模板。各个模板在明确各自的功能和相互间的约定后，就可以编制和调试程序，最后把它们连接起来形成一个大程序，子程序结构是模块化程序设计的基础。子程序相当于高级语言中的过程和函数。在一个程序的不同部分，往往就要用到类似的程序段，这些程序段的功能和结构形式都相同，只是有的变量赋值不同，此时就可以把这些程序写成子程序，即函数的形式，以便需要时调用它。

### 4.1.1　函数定义

C 语言中函数定义遵循以下语法规则。

**返回值类型　函数名(参数列表)　函数体**

其中，参数列表包括各个参数的类型名称、形参名称，函数体由语句构成，一般采用大括号{}将它们包围起来。

例如下面一个简单的函数定义，用来实现两个整型数的加法。

```
int    add_fun(int a, int b)
{
```

```
    int c;
    c = a+b;
    return    c;
}
```

　　每个函数的函数体中都有一个 return 语句，其后为返回值，如果没有返回值，即返回值类型为 void，那么直接写 return ;即可。上述例子中，函数 add_fun 的返回值是 int 类型，所以也返回了一个 int 类型的 c 作为返回值。这个函数的参数列表，就是函数名称 add_fun 后面用括号()括起来的部分，它有两个参数，两个参数都是 int 类型，参数的名称分别是 a 和 b。

### 4.1.2　函数调用

　　刚才我们写过一个自定义函数 add_fun，定义后就可以在其他函数中使用它。我们还可以使用一些 C 语言标准中已经定义的库函数。C 标准库定义了一组标准头文件，每个头文件中包含一些相关的函数、变量、类型声明和宏定义。要使一个平台支持 C 语言，不仅要实现 C 编译器，还要实现 C 标准库，这样才算符合 C 标准。例如，我们目前使用最多的 printf 函数。有关函数库的说明我们会在第八章中详细描述。

　　下面这个例子中我们使用主函数 main 来调用自定义函数和 C 标准库函数。

```
#include <stdio.h>
int    add_fun(int a, int b)
{
    int c;
    c = a+b;
    return    c;
}

void main()
{
    int m,n,s;
    m = 5;
    n = 6;
    s = add_fun(m,n);
    printf("%d + %d = %d\n", m, n, s);
    return ;
}
```

　　通过这个例子，我们可以看到两个函数调用，即主函数 main 调用自定义函数 add_fun 和库函数 printf。

　　我们也可以对其稍作修改。

```
#include <stdio.h>
void add_fun(int a, int b)
{
    int c;
```

```
    c = a+b;
    printf("%d + %d = %d\n", a, b, c);
    return ;
}


void main()
{
    int m,n;
    m = 5;
    n = 6;
    add_fun(m,n);
    return ;
}
```

这个例子和前一个例子实现的结果是完全一样的，但是函数调用的形式发生了变化，主函数 main 只调用了一个函数 add_fun。自定义函数 add_fun 内部又调用了库函数 printf。这就说明函数可以进行分层次的调用，该函数可以调用其他函数，其本身也可以被其他函数所调用。

在函数调用的时候要符合一定的规则。上面两个例子中 add_fun 函数内部实现是不同的，最明显的区别是一个有返回值 int，一个没有返回值。那么在 main 函数进行调用的时候，前一个例子输出一个返回值赋给 main 函数中的变量 s，后一个例子没有返回值，在 main 函数调用的时候并没有输出任何值，只是简单地调用而已。

还有一个重要的规则就是调用参数要匹配。我们在函数定义的过程中都要指明参数的个数和每个参数的类型，定义参数就像定义变量一样，需要为每个参数指明类型，参数的命名也要遵循标识符命名规则。

上面的例子中，add_fun 函数有两个参数 int a 和 int b，在 main 函数调用它的时候，使用的是 add_fun(m,n)，m 和 n 分别是 main 函数中的局部变量。在这里，我们将函数定义中的参数 a 和 b 称为函数的形式参数，而在调用函数的过程中，我们将 m 的值赋给了 a，将 n 的值赋给了 b，相当于我们分别用 m 和 n 对 a 和 b 进行了初始化，此时参数变成了实际参数。

C 语言中这种参数传递的方式称为传值调用。在调用函数时，每个声明的参数都要获得一个值，函数定义中有几个形式参数，那么在调用的过程中就要传递几个实际参数，数量要一致，并且每个参数的类型都要一一对应。

### 4.1.3    命令行参数

用户在 DOS 窗口输入可执行文件名的方式启动程序时，可执行文件名后的那些字符串，称为"命令行参数"。命令行参数可以有多个，以空格分隔。

例如，在 DOS 窗口输入：

```
copy file1.txt file2.txt
```

"copy""file1.txt""file2.txt"就是命令行参数。这条命令执行的就是从 file1.txt 获取一份拷贝，这份拷贝命名为 file2.txt。

那么，如何在程序中获得命令行参数呢？实际上，我们写的主函数 main 都是带有参数的。

```
int main(int argc, char * argv[])
{
    ……
}
```

参数 argc 代表启动程序时，命令行参数的个数。C 语言规定，可执行程序程序本身的文件名，也是命令行参数，因此，argc 的值至少是 1。

参数 argv 是一个数组，其中的每个元素都是一个 char* 类型的指针，该指针指向一个字符串，这个字符串里就存放着命令行参数。

argv[0]指向的字符串就是第一个命令行参数，即可执行程序的文件名；

argv[1]指向第二个命令行参数；

argv[2]指向第三个命令行参数……。

例如：

```
#include <stdio.h>
int main(int argc, char * argv[])
{
    for(int i = 0;i < argc; i ++ )
        printf( "%s\n",argv[i]);
    return 0;
}
```

将上面的程序编译成 sample.exe，然后在控制台窗口输入。

```
sample para1 para2 s.txt 5 4
```

输出结果为：

```
sample
para1
para2
s.txt
5
4
```

4.1.2 节的例子我们也可以改写成下面的形式。

```
#include <stdio.h>
#include <stdlib.h>
void add_fun(int a, int b)
{
    int c;
    c = a+b;
    printf("%d + %d = %d\n", a, b, c);
    return ;
}
```

```
int main(int argc, char * argv[])
{
    int m,n;
    m = atoi(argv[1]);
    n = atoi(argv[2]);
    add_fun(m,n);
    return 0;
}
```

上面程序中的函数 atoi 是把字符串转换成整型数的 C 标准库函数，将这个程序编译成 sample.exe，然后在控制台窗口输入。

```
sample 12 24
```

输出结果为：

```
12 + 24 = 36
```

### 4.1.4　函数递归调用

如果定义一个概念需要用到这个概念本身，我们称它的定义是递归的（Recursive）。在数学中确实有很多概念是用它自己来定义的，比如 n 的阶乘（Factorial）是这样定义的：n 的阶乘等于 n 乘以 n-1 的阶乘，如果 n 等于 0，那么它的阶乘等于 1。因此，阶乘的概念在数学上可以写成：

$$n! = \begin{cases} 1 & n = 0 \\ n \times (n-1)! & n > 0 \end{cases}$$

我们可以用函数的方法把这个数学概念很容易地写下来。

```
int factorial(int n)
{
    if (n == 0)
        return 1;
    else {
        return n* factorial(n-1);
    }
}
```

在这个例子中我们可以发现两点：一是数学公式和函数的写法几乎是完全一致的。二是 factorial 这个函数调用了函数 factorial，也就是它自己本身。自己直接或间接调用自己的函数称为递归函数。这里的 factorial 是直接调用自己，有些时候函数 A 调用函数 B，函数 B 又调用函数 A，也就是函数 A 间接调用自己，也属于递归函数。我们可以把 factorial(n-1) 这一步看成是在调用另一个函数，另一个有着相同函数名和相同代码的函数，调用它就是跳到它的代码里执行，然后再返回 factorial(n-1) 这个调用的下一步继续执行。

需要注意的是，这个递归调用和数学公式一样，也需要一个终止条件，即语句：

```
if (n == 0)
    return 1;
```

如果没有这个语句，这个函数将永远调用下去，直到程序崩溃为止。

我们在后面的学习过程中，可能还会遇到很多可以采用函数递归来实现的例子，比如 Fibonacci 数列问题、整数划分问题、汉诺塔问题等。用递归函数来写这些算法，程序结构非常清晰，但是运算效率较低，会耗费比较多的计算时间和存储空间，今后在学习算法的时候会学习具体掌握解决此类问题的最优方法。

## 4.2　更多的动作

现在我们可以很容易地解决本章初始的问题，我们可以写一个函数 turnRight() 来实现向右转的动作。

```
void    turnRight ()
{
    turnLeft();
    turnLeft();
    turnLeft();
    return ;
}
```

现在，我们在 VS2010 环境下打开 4_1.vcxproj 工程文件。我们为两个动作向右转和判断左边是否是墙写了两个扩展动作函数 turnRight()和 IsLeftWall()。在 Cdemo.cpp 中，希望大家可以将 IsLeftWall()函数补充完整。

其实小明还需要更多的动作，如向后转 turnBack()函数，与 IsLeftWall()函数相对应的判断右边是否是墙的 IsRightWall()函数，前面写过的一直走到墙前面其实也可以作为一个扩展动作函数 StepToWall()，我们可以将这几个函数也添加到 Cdemo.cpp 中。这样我们的小明就可以有很多动作，功能也越来越完善了。

有了这些扩展函数之后，我们就可以对前面所写的 move()函数进一步进行简化，这样代码看起来和我们的伪代码非常相似了。

```
/*  自定义动作  */
void move()
{
    while(!IsEnd())
    {
        if(IsLeftWall())
        {
            if(IsFrontWall())
            {
                turnRight();
            }
            else
            {
```

```
            step();
        }
    }
    else
    {
        turnLeft();
        step();
    }
}
}
```

至此我们实际上可以看到函数在 C 语言中所发挥的重要作用。在 C 语言中，函数是程序的基本组成单位，因此可以很方便地将函数作为程序模块来实现 C 语言程序。利用函数，不仅可以实现程序的模块化，将程序设计得简单直观，提高程序的易读性和可维护性，而且还可以把程序中普遍用到的一些计算或操作编成通用的函数，以供随时调用，这样可以大大地减轻程序员的代码工作量。

本节中我们还需要大家编写其他的几个扩展动作的函数，如向左走一步，同时方向向左；向右走一步，同时方向向右；向上走一步，同时方向向上；向下走一步，同时方向向下。有了这些函数之后，我们可以通过直接按键盘的 ↑ ↓ ← → 键来控制小明的动作。

为了实现这四个函数，我们还需要提供一个基本函数 getDirection()，该函数返回值代表当前小明所面向的方向，返回 0 代表当前小明面向右，返回 1 代表当前小明面向上，返回 2 代表当前小明面向左，返回 3 代表当前小明面向下。同样，在本工程的 function.h 文件中也增加了对新函数 getDirection() 的声明。

```
/* 基本动作——获取当前方向
 * 右 DIR_RIGHT 0  上 DIR_UP 1  左 DIR_LEFT 2  下 DIR_DOWN 3
 */
extern int getDirection();
```

接下来，我们来实现向左走一步，同时方向向左的函数 StepLeft()。在实现该动作之前，我们首先看一下目前小明已有的动作：

向当前方向走一步 step()，左转 turnLeft()，右转 turnRight()，后转 turnBack()，判断前面是否为墙 IsFrontWall()，判断左边是否为墙 IsLeftWall()，判断右边是否为墙 IsRightWall()，获取当前面向的方向 getDirection()，判断是否到终点 IsEnd()。

我们要实现向左走一步的动作，需要首先获得目前小明所处的方向，根据方向让小明转到向左的方向，然后判断前面是否为墙，如果是墙则原地不动，如果不是墙则走一步。流程图如下：

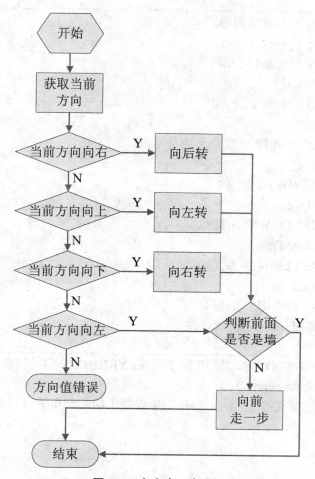

**图 4-1 向左走一步流程图**

同样，我们可以采用相同的方法实现向右走一步、向上走一步和向下走一步的动作。在实现过程中我们会发现这些动作有一个共同的部分：转到相应的方向后，要判断前面是否是墙，再选择是否向前走一步。根据函数的设计思想，为了提高程序的可维护性，我们可以把这一部分提取出来单独作为一个扩展动作函数 AdvStep() 来完成这个功能。

```c
void AdvStep()
{
    if(!IsFrontWall())
        step();
}
```

至此，我们可以将已经写好的四个函数 StepLeft()，StepRight()，StepDown()，StepUp() 放到主函数的 while(1) 循环中。

```c
while(1)
{
    /* 获取按键 */
    int key = getch();
```

```
        if(key=='q') //  按键 q 退出
            break;
        if(key=='l') //  按键 l 向左转
            turnLeft();
        if(key=='s') //  按键 s 走一步
            step();
        if(key=='m') //  按键 m 自定义连贯动作
            move();
        if(key==KEYUP) //  键盘↑
            StepUp();
        if(key==KEYDOWN) //  键盘↓
            StepDown();
        if(key==KEYLEFT) //  键盘←
            StepLeft();
        if(key==KEYRIGHT) //  键盘→
            StepRight();
    }
```

其中，KEYUP、KEYDOWN、KEYLEFT 和 KEYRIGHT 分别是键盘↑ ↓ ← →键的 ASCII 码的宏定义（见 function.h）。

现在我们可以通过键盘的↑ ↓ ← → 键来控制小明的动作了。

# 第五章　数组和指针

　　从上一章开始，我们已经知道了小明的世界创建时采用的地图是用数组来实现的。本章中，首先在 VS2010 环境下打开 5_1.vcxproj 工程文件。大家会发现，本章的工程文件中已经没有 lib 库文件，新增加了一个文件 Function.cpp，该 cpp 文件里面包含了小明基本动作的实现代码和一些全局变量。在 Function.cpp 中，我们会看到一个二维数组，数组名称为 map。

```
/* 初始地图 */
int map[POSHEIGHT][POSWIDTH] = {
    {1, 1, 1, 1, 1, 1, 1, 1, 1, 1, 1, 1, 1, 1, 1, 1, 1, 1, 1, 1},
    {1, 2, 1, 0, 1, 0, 0, 0, 0, 0, 1, 0, 0, 0, 1, 0, 1, 0, 1, 1},
    {1, 0, 1, 0, 1, 0, 1, 0, 1, 0, 1, 0, 1, 0, 1, 0, 1, 0, 1, 1},
    {1, 0, 1, 0, 1, 0, 1, 0, 1, 0, 1, 0, 1, 0, 0, 0, 1, 0, 1, 1},
    {1, 0, 1, 0, 1, 0, 1, 0, 1, 0, 1, 0, 1, 0, 1, 0, 1, 0, 1, 1},
    {1, 0, 1, 0, 1, 0, 1, 0, 1, 0, 1, 0, 1, 0, 1, 0, 1, 0, 1, 1},
    {1, 0, 1, 0, 1, 0, 1, 0, 1, 0, 1, 0, 1, 1, 1, 0, 1, 0, 1, 1},
    {1, 0, 1, 0, 1, 1, 1, 0, 1, 0, 1, 0, 1, 0, 1, 0, 1, 0, 1, 1},
    {1, 0, 1, 0, 0, 0, 1, 0, 1, 0, 1, 0, 1, 0, 1, 0, 0, 0, 1, 1},
    {1, 0, 1, 0, 1, 0, 1, 0, 1, 0, 1, 0, 1, 0, 1, 1, 1, 0, 1, 1},
    {1, 0, 1, 0, 1, 0, 1, 0, 1, 0, 1, 0, 0, 0, 0, 0, 1, 0, 1, 1},
    {1, 0, 1, 0, 1, 0, 1, 0, 1, 0, 1, 0, 1, 0, 1, 0, 1, 0, 1, 1},
    {1, 0, 1, 0, 1, 0, 1, 0, 1, 0, 1, 0, 1, 0, 1, 0, 1, 0, 1, 1},
    {1, 0, 1, 0, 1, 0, 0, 0, 1, 0, 1, 0, 1, 0, 1, 0, 1, 0, 1, 1},
    {1, 0, 1, 0, 1, 0, 1, 0, 1, 0, 1, 0, 1, 0, 1, 0, 1, 0, 1, 1},
    {1, 0, 1, 0, 1, 0, 1, 0, 1, 0, 1, 0, 1, 0, 1, 0, 1, 0, 1, 1},
    {1, 0, 1, 0, 1, 0, 1, 0, 1, 0, 1, 0, 1, 0, 1, 0, 1, 0, 1, 1},
    {1, 0, 1, 0, 1, 0, 1, 0, 1, 0, 1, 1, 1, 1, 1, 0, 1, 0, 1, 1},
    {1, 0, 0, 0, 1, 0, 1, 0, 1, 0, 0, 0, 0, 0, 0, 1, 0, 0, 3},
    {1, 1, 1, 1, 1, 1, 1, 1, 1, 1, 1, 1, 1, 1, 1, 1, 1, 1, 1, 1}
};
```

　　对比地图显示不难发现，这个 map 就是我们用来描述小明的世界的二维**数组**。

# 5.1　基础知识回顾与扩展

### 5.1.1　数组回顾

C 语言中的数组（Array）是一种复合数据类型，它由一系列相同类型的元素（Element）组成。例如，定义一个由 4 个 int 型元素组成的数组 count。

```
int count[4];
```

该数组 count 中的 4 个元素的存储空间是相邻的。数组类型的长度用一个整数常量表达式来指定。数组中的元素通过下标（或者叫索引，Index）来访问。例如，前文定义的由 4 个 int 型元素组成的数组 count 图示如下：

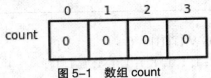

图 5-1　数组 count

整个数组占了 4 个 int 型的存储单元，存储单元用小方框表示，里面的数字是存储在这个单元中的数据（假设都是 0），而框外面的数字是下标，这四个单元分别用 count[0]、count[1]、count[2]、count[3]来访问。和我们平常数数不同，数组元素是从"第 0 个"开始数的，大多数编程语言都是这么规定的，最后一个元素的下标等于数组元素个数减 1。这样规定使得访问数组元素非常方便，比如 count 数组中的每个元素占 4 个字节，则 count[i]表示从数组开头跳过 4*i 个字节之后的那个存储单元。

注意，在定义数组 int count[4];时，方括号（Bracket）中的数字 4 表示数组的长度，而在访问数组时，方括号中的数字表示访问数组的第几个元素。

数组下标也可以是表达式，但表达式的值必须是整型的。例如：

```
int i = 10;
count[i] = count[i+1];
```

使用数组下标不能超出数组的长度范围，这一点在使用变量作数组下标时尤其要注意。C 编译器并不检查 count[-1]或是 count[100]这样的访问越界错误，编译时能顺利通过，所以属于运行时错误。但有时候这种错误很隐蔽，发生访问越界时程序可能并不会立即崩溃，而在执行到后面某个正确的语句时却突然崩溃。所以从一开始写代码时就要小心避免出现类似问题，事后依靠调试来解决问题的成本是很高的。

在声明数组时，一般有如下 3 种方式。

（1）同时指定元素个数并且初始化，未赋初值的元素也是用 0 来初始化，例如：

```
int count[4] = { 3, 2 };
```

则 count[0]等于 3， count[1]等于 2，后面两个元素等于 0。

（2）如果定义数组的同时初始化它，也可以不指定数组的长度，例如：

```
int count[] = { 3, 2, 1 };
```

编译器会根据初始化时有三个元素确定数组的长度为 3。

（3）也可以直接明确指出它的元素个数，此时编译器会按照给定的元素个数来分配存储空间。例如：

```
int count[4] ;
```

　　但是，在 C 语言中，数组之间是不能相互赋值或初始化的。例如这样是错的：

```
int a[5] = { 4, 3, 2, 1 };
int b[5] = a;
```

　　相互赋值也是错的：

```
a = b;
```

　　既然不能相互赋值，也就不能用数组类型作为函数的参数或返回值。如果写出这样的函数定义：

```
void foo(int a[5])
{
    ...
}
```

　　然后这样调用：

```
int array[5] = {0};
foo(array);
```

　　编译器也不会报错，但这样编写并不表示传送一个数组类型参数。对于数组类型有一条特殊规则：数组类型做右值使用时，自动转换成指向数组首元素的指针。所以上边函数调用其实传送的是一个指针类型的参数，而不是数组类型的参数。

　　数组也可以嵌套，一个数组的元素可以是另外一个数组，这样就构成了多维数组。例如定义并初始化一个二维数组。

```
int a[3][2] = { 1, 2, 3, 4, 5 };
```

　　数组 a 有 3 个元素：a[0]、a[1]、a[2]。每个元素也是一个数组，例如 a[0] 是一个数组，它有两个元素 a[0][0]、a[0][1]，这两个元素的类型是 int，值分别是 1、2。同理，数组 a[1] 的两个元素是 3、4，数组 a[2] 的两个元素是 5、0。如下图所示：

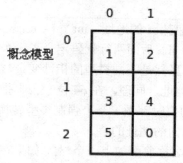

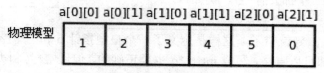

图 5-2　多维数组

　　从概念模型上看，这个二维数组是三行两列的表格，元素的两个下标分别是行号和列号。从物理模型上看，这六个元素在存储器中仍然是连续存储的，就像一维数组一样，相当于把概念模型的表格一行一行接起来拼成一串，C 语言的这种存储方式称为以行为主的排列方式，而有些编程语言（例如 Matlab 等）是把概念模型的表格一列一列接起来拼成一串存储的，称为以列为主的排列方式。

多维数组可以像普通数组一样进行初始化，例如上面的二维数组也可以这样初始化。

```
int a[][2] = { { 1, 2 },{ 3, 4 },{ 5 } };
```

注意，除了第一维的长度可以由编译器自动计算而不需要指定，其余各维都必须明确指定长度。

### 5.1.2　指针回顾

指针是 C 语言中非常重要的概念，它造就了 C 语言非常灵活的特点。在 C 语言中，我们声明一个指针并给它赋予一定的值，实际上就是将一块内存单元的地址赋给了指针，指针的值就是内存单元的地址。

通过指针我们可以间接寻址访问变量，这种指针在 C 语言中可以用一个指针类型的变量表示，例如下面这个程序：

```
#include <stdio.h>
void main()
{
    int i = 1;
    int *pi = &i;
    char c = 'a';
    char *pc = &c;
    printf("i addr: 0x%x value: %d \nc addr: 0x%x value: %c\n", (int)pi, i, (int)pc, c);
}
```

编译执行后输出：

```
i addr: 0x3af784 value: 1
c addr: 0x3af76f value: a
```

其中，&是取地址运算符，&i 表示取变量 i 的地址，int *pi = &i;表示定义一个指向 int 型的指针变量 pi，并用 i 的地址来初始化 pi。后面两行代码定义了一个字符型变量 c 和一个指向 c 的字符型指针 pc，注意 pi 和 pc 虽然是不同类型的指针变量，但它们的内存单元都占 4 个字节，因为要保存 32 位的虚拟地址，同理，在 64 位平台上指针变量都占 8 个字节。在 printf 语句中，我们打印 pi 和 pc 的值时都做了一个强制类型转换，将指针类型转换为整型，因为我们需要查看的是指针所指向的地址的值。

在定义指针的时候，我们需要在变量名称前面加上一个*号，如果在同一个语句中定义多个指针变量，每一个都要有*号，例如：

```
int *p, *q;
```

如果写成 int* p, q;就错了，这样是定义了一个整型指针 p 和一个整型变量 q。定义指针的*号前后空格都可以省略，写成 int*p,*q;也是正确的，但通常*号和类型 int 之间留空格而和变量名写在一起，这样看 int *p, q;就很明显是定义了一个指针和一个整型变量，就不容易看错了。

如果要让 pi 指向另一个整型变量 j，可以重新对 pi 赋值。

```
pi = &j;
```

如果要改变 pi 所指向的整型变量的值，比如把变量 j 的值增加 10，可以写为：

```
*pi = *pi + 10;
```

这里的*号是指针间接寻址运算符，*pi 表示取指针 pi 所指向的变量的值。

指针之间可以相互赋值，也可以用一个指针初始化另一个指针，例如：

```
int *ptri = pi;
```

　　　或者：

```
int *ptri;
ptri = pi;
```

表示 pi 指向哪 ptri 也指向哪，本质上就是把变量 pi 所保存的地址值赋给变量 ptri。

用一个指针给另一个指针赋值时要注意，两个指针必须是同一类型的。在我们的例子中，pi 是 int *型的，pc 是 char *型的，pi = pc;这样赋值就是错误的。但是可以先强制类型转换，然后赋值。

```
pi = (int *)pc;
```

现在 pi 指向的地址和 pc 一样，但是通过*pc 只能访问到一个字节，而通过*pi 可以访问到 4 个字节，后 3 个字节已经不属于变量 c 了，除非你很确定变量 c 的一个字节和后面 3 个字节组合而成的 int 值是有意义的，否则就不应该这样给 pi 赋值。因此使用指针要特别小心，很容易将指针指向错误的地址，访问这样的地址可能导致段错误，可能读到无意义的值，也可能意外改写了某些数据，使得程序在随后的运行中出错。

### 5.1.3　指针类型转换

当我们初始化一个指针或给一个指针赋值时，赋值号的左边是一个指针，赋值号的右边是一个指针表达式。在前文所举的例子中，绝大多数情况下，指针的类型和指针表达式的类型是一样的，指针所指向的类型和指针表达式所指向的类型是一样的。

```
float f=12.3;
float *fptr=&f;
int*p;
```

在上述例子中，假如我们想让指针 p 指向实数 f，应该怎么实现？是用下面的语句吗？

```
p=&f;
```

不对。因为指针 p 的类型是 int*，它指向的类型是 int。表达式&f 的结果是一个指针，指针的类型是 float*,它指向的类型是 float。两者不一致，直接赋值的方法是不行的。为了实现我们的目的，需要进行"强制类型转换"。

```
p=(int*)&f;
```

如果有一个指针 p，我们需要把它的类型和所指向的类型改为 TYEP*和 TYPE，那么语法格式为：

```
(TYPE*)p;
```

这样强制类型转换的结果是一个新指针，该新指针的类型是 TYPE*，它指向的类型是 TYPE，它指向的地址就是原指针指向的地址。而原来的指针 p 的一切属性都没有被修改。

一个函数如果使用了指针作为形参,那么在函数调用语句的实参和形参的结合过程中，也会发生指针类型的转换。

```
void fun(char*);
int a=125,b;
fun((char*)&a);
...
...
void fun(char*s)
{
    char c;
    c=*(s+3);*(s+3)=*(s+0);*(s+0)=c;
    c=*(s+2);*(s+2)=*(s+1);*(s+1)=c;
}
```

注意这是一个 32 位程序，故 int 类型占了四个字节，char 类型占一个字节。函数 fun 的作用是把一个整数的四个字节的顺序进行颠倒。在函数调用语句中，实参&a 的结果是一个指针，它的类型是 int*，它指向的类型是 int。形参这个指针的类型是 char*，它指向的类型是 char。这样，在实参和形参的结合过程中，我们必须进行一次从 int*类型到 char*类型的转换。结合这个例子，我们可以这样来想象编译器进行转换的过程：编译器先构造一个临时指针 char*temp，然后执行 temp=(char*)&a，最后再把 temp 的值传递给 s。所以最后的结果是：s 的类型是 char*,它指向的类型是 char，它指向的地址就是 a 的首地址。

我们已经知道，指针的值就是指针指向的地址，在 32 位程序中，指针的值其实是一个 32 位整数。那可不可以把一个整数当作指针的值直接赋给指针呢？例如下面的语句：

```
unsigned int a;
TYPE*ptr;//TYPE 是 int，char 或结构类型等等类型。
...
    ...
    a=20345686;
ptr=20345686;//我们的目的是要使指针 ptr 指向地址 20345686（十进制）
ptr=a;//我们的目的是要使指针 ptr 指向地址 20345686（十进制）
```

编译一下，结果发现后面两条语句全是错的。此时我们仍然要使用强制类型转换。

```
unsigned int a;
TYPE*ptr;//TYPE 是 int，char 或结构类型等等类型。
...
...
a=0xaaaaaaaa; //某个数，这个数必须代表一个合法的地址；
ptr=(TYPE*)a; //这就可以了
```

严格来说，这里的(TYPE*)和指针类型转换中的(TYPE*)不一样。这里的(TYPE*)是把无符号整数 a 的值当作一个地址来看待。上文强调了 a 的值必须代表一个合法的地址，否则在使用 ptr 的时候，就会出现非法操作错误。

当然我们也可以反过来，把指针指向的地址即指针的值当作一个整数取出来。在前一节中我们已经这样做了，并且把指针地址的值用 printf 函数打印了出来。

### 5.1.4　指针运算

前文我们看到指针实际上就是一个地址的值，我们也可以对指针进行强制类型转换，转换为 int 来获得它的值。因此，指针也可以参与整数能够参与的算术运算，例如我们可以将指针加上或减去一个整数。指针的这种运算的意义和通常的数值的加减运算的意义是不一样的。例如：

```
char a[20];
char *ptr=a;
...
...
ptr++;
```

在上例中，指针 ptr 的类型是 char*,它指向的类型是 char，它被初始化为指向变量 a。接下来的第 3 句中，指针 ptr 被加了 1，编译器是这样处理的：它把指针 ptr 的值加上了 sizeof(char)，即加上了 1。由于地址是用字节做单位的，故 ptr 所指向的地址由原来的变量 a 的地址向高地址方向增加了 1 个字节。

再看例子：

```
char a[20];
int *ptr=a;
...
...
ptr+=5;
```

在这个例子中，ptr 被声明为一个指向 int 类型的指针，同样被初始化为指向变量 a。接下来 ptr 被加上了 5，编译器是这样处理的：将指针 ptr 的值加上 5 乘 sizeof(int)，在 32 位程序中就是加上了 5 乘以 4=20。由于地址的单位是字节，故现在的 ptr 所指向的地址比起加 5 后的 ptr 所指向的地址来说，向高地址方向移动了 20 个字节。在这个例子中，没加 5 前的 ptr 指向数组 a 的第 0 号单元开始的四个字节，加 5 后，ptr 指向了数组 a 的合法范围之外。虽然这种情况在应用上会出现问题，但在语法上却是成立的。这也体现出了指针的灵活性。

如果上例中，ptr 是被减去 5，那么处理过程大同小异，只不过 ptr 的值是被减去 5 乘以 sizeof(int)，新的 ptr 指向的地址将比原来的 ptr 所指向的地址向低地址方向移动了 20 个字节。

总结一下，一个指针 ptrold 加上一个整数 n 后，结果是一个新的指针 ptrnew，ptrnew 的类型和 ptrold 的类型相同，ptrnew 所指向的类型和 ptrold 所指向的类型也相同。ptrnew 的值将比 ptrold 的值增加 n 乘以 sizeof(ptrold 所指向的类型)个字节。也就是说，ptrnew 所指向的内存区将比 ptrold 所指向的内存区向高地址方向移动 n 乘以 sizeof(ptrold 所指向的类型)个字节。

一个指针 ptrold 减去一个整数 n 后，结果是一个新的指针 ptrnew，ptrnew 的类型和 ptrold 的类型相同，ptrnew 所指向的类型和 ptrold 所指向的类型也相同。ptrnew 的值将比 ptrold 的值减少了 n 乘以 sizeof(ptrold 所指向的类型)个字节，即 ptrnew 所指向的内存区将比 ptrold 所指向的内存区向低地址方向移动 n 乘以 sizeof(ptrold 所指向的类型)个字节。

### 5.1.5　指针与数组的关系

先看个例子，有如下语句：

```
int a[10];
int *pa = &a[0];
pa++;
```

首先，指针 pa 指向 a[0]的地址，注意后缀运算符的优先级高于单目运算符，所以是取 a[0]的地址，而不是取 a 的地址。然后 pa++让 pa 指向下一个元素（也就是 a[1]），由于 pa 是 int *指针，一个 int 型元素占 4 个字节，所以 pa++使 pa 所指向的地址加 4，注意不是加 1。

从前面的例子我们发现，地址的具体数值其实无关紧要，关键是要说明地址之间的关系（a[1]位于 a[0]之后 4 个字节处）以及指针与变量之间的关系（指针保存的是变量的地址），现在我们换一种画法，省略地址的具体数值，用方框表示存储空间，用箭头表示指针和变量之间的关系。

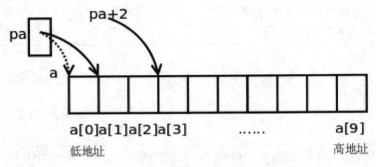

图 5-3　指针与数组

既然指针可以用++运算符，当然也可以用+、-运算符，pa+2 这个表达式也是有意义的，如上图所示，pa 指向 a[1]，那么 pa+2 指向 a[3]。事实上，E1[E2]这种写法和(*((E1)+(E2)))是等价的，*(pa+2)也可以写成 pa[2]，pa 就像数组名一样，其实数组名也没有什么特殊的，a[2]之所以能取数组的第 2 个元素，是因为它等价于*(a+2)。由于 a 作右值使用时和&a[0]的意思相同，所以 int *pa = &a[0];通常写成更简洁的形式 int *pa = a;。

在取数组元素时，用数组名和用指针的语法一样，但如果把数组名作左值使用，就区别于指针。例如，pa++是合法的，但 a++就不合法，pa = a + 1 是合法的，但 a = pa + 1 就不合法。数组名作右值时转换成指向首元素的指针，但作左值仍然表示整个数组的存储空间，而不是首元素的存储空间。数组名作左值还有一点特殊之处，不支持++、赋值这些运算符，但支持取地址运算符&，所以&a 是合法的。

在函数原型中，如果参数是数组，则等价于参数是指针的形式，例如：

```
void func(int a[10])
{
    ...
}
```

等价于：

```
void func(int *a)
```

```
{
    ...
}
```

第一种形式方括号中的数字可以不写，仍然是等价的。

```
void func(int a[])
{
    ...
}
```

数组的数组名其实可以看作一个指针，如下例：

```
int array[10]={0,1,2,3,4,5,6,7,8,9},value;
...
...
value=array[0];//也可写成：value=*array;
value=array[3];//也可写成：value=*(array+3);
value=array[4];//也可写成：value=*(array+4);
```

上例中，一般而言，数组名 array 代表数组本身，类型是 int [10]，但如果把 array 看作指针，它指向数组的第 0 个单元，类型是 int*，所指向的类型是数组单元的类型，即 int。因此*array 等于 0 就一点也不奇怪了。同理，array+3 是一个指向数组第 3 个单元的指针，所以*(array+3)等于 3。其他依此类推。

## 5.2　连贯的动作

回到本章开始时的 map 二维数组，通过对比 map 数组的内容和小明的世界（图 5-4），我们马上可以猜测出 map 数组中各个值对应的含义，'0'代表空地，'1'代表墙，'2'代表小明，'3'代表终点。

图 5-4    小明的世界地图

整个画面是由 Function.cpp 中的 drawing 函数根据数组中的值画出来的，不同的值对应不同的图像。

```
/*  根据 map 中的数值显示绘图区域  */
void drawing()
{
    int i, j;
    for(j=0;j<POSHEIGHT;j++)
        for(i=0;i<POSWIDTH;i++)
        {
            if(map[j][i]==1)
            {
                putimage(i*IMGWIDTH,j*IMGHEIGHT,&WallImg);
            }else if(map[j][i]==2)
            {
                putimage(i*IMGWIDTH,j*IMGHEIGHT,&PersonImg[direction]);
                positionx = i;
                positiony = j;
```

```
                    }
                    else if(map[j][i]==3)
                    {
                         putimage(i*IMGWIDTH,j*IMGHEIGHT,&EndImg);
                         endx = i;
                         endy = j;
                    }
                    else
                    {
                         putimage(i*IMGWIDTH,j*IMGHEIGHT,&BlankImg);
                    }
               }
          Sleep(Speed);
}
```

其中，putimage 函数是 EasyX 库中的绘图函数，功能是将图片画到界面指定的位置上。

这样，我们就可以用不同的数组为小明创建不同的世界。例如，我们第二章最初始时表示小明世界地图的数组如下：

```
/*  初始地图  */
int map[POSHEIGHT][POSWIDTH] = {
    {1, 1, 1, 1, 1, 1, 1, 1, 1, 1, 1, 1, 1, 1, 1, 1, 1, 1, 1, 1},
    {1, 2, 0, 0, 0, 0, 0, 0, 0, 0, 0, 0, 0, 0, 0, 0, 0, 0, 0, 1},
    {1, 0, 0, 0, 0, 0, 0, 0, 0, 0, 0, 0, 0, 0, 0, 0, 0, 0, 0, 1},
    {1, 0, 0, 0, 0, 0, 0, 0, 0, 0, 0, 0, 0, 0, 0, 0, 0, 0, 0, 1},
    {1, 0, 0, 0, 0, 0, 0, 0, 0, 0, 0, 0, 0, 0, 0, 0, 0, 0, 0, 1},
    {1, 0, 0, 0, 0, 0, 0, 0, 0, 0, 0, 0, 0, 0, 0, 0, 0, 0, 0, 1},
    {1, 0, 0, 0, 0, 0, 0, 0, 0, 0, 0, 0, 0, 0, 0, 0, 0, 0, 0, 1},
    {1, 0, 0, 0, 0, 0, 0, 0, 0, 0, 0, 0, 0, 0, 0, 0, 0, 0, 0, 1},
    {1, 0, 0, 0, 0, 0, 0, 0, 0, 0, 0, 0, 0, 0, 0, 0, 0, 0, 0, 1},
    {1, 0, 0, 0, 0, 0, 0, 0, 0, 0, 0, 0, 0, 0, 0, 0, 0, 0, 0, 1},
    {1, 0, 0, 0, 0, 0, 0, 0, 0, 0, 0, 0, 0, 0, 0, 0, 0, 0, 0, 1},
    {1, 0, 0, 0, 0, 0, 0, 0, 0, 0, 0, 0, 0, 0, 0, 0, 0, 0, 0, 1},
    {1, 0, 0, 0, 0, 0, 0, 0, 0, 0, 0, 0, 0, 0, 0, 0, 0, 0, 0, 1},
    {1, 0, 0, 0, 0, 0, 0, 0, 0, 0, 0, 0, 0, 0, 0, 0, 0, 0, 0, 1},
    {1, 0, 0, 0, 0, 0, 0, 0, 0, 0, 0, 0, 0, 0, 0, 0, 0, 0, 0, 1},
    {1, 0, 0, 0, 0, 0, 0, 0, 0, 0, 0, 0, 0, 0, 0, 0, 0, 0, 0, 1},
    {1, 0, 0, 0, 0, 0, 0, 0, 0, 0, 0, 0, 0, 0, 0, 0, 0, 0, 0, 1},
    {1, 0, 0, 0, 0, 0, 0, 0, 0, 0, 0, 0, 0, 0, 0, 0, 0, 0, 0, 1},
    {1, 0, 0, 0, 0, 0, 0, 0, 0, 0, 0, 0, 0, 0, 0, 0, 0, 0, 0, 1},
    {1, 0, 0, 0, 0, 0, 0, 0, 0, 0, 0, 0, 0, 0, 0, 0, 0, 0, 0, 1},
    {1, 1, 1, 1, 1, 1, 1, 1, 1, 1, 1, 1, 1, 1, 1, 1, 1, 1, 1, 1}
};
```

因此，最初始的地图就是四周是围墙，小明在左上角，其他地方都是空白的。

在 Function.cpp 文件中，我们还看到几个全局变量：

```
/* 小明面向的方向 */
char direction;
/* 小明的位置坐标 */
int positionx, positiony;
/* 终点位置 */
int endx, endy;
/* 移动速度 */
short speed = 10;
```

根据注释我们可以很容易知道它们所代表的意义，direction 表示小明面向的方向；positionx 和 positiony 分别为小明当前在数组 map 中的水平和垂直位置坐标；endx 和 endy 分别是终点在数组 map 中的水平和垂直位置坐标。speed 为小明移动的速度，在当前的例子中，值越大移动速度越慢。

我们也看到了基本函数 turnLeft() 的实现过程，实际上就是改变 direction 的值。

```
/* 基本动作——左转 */
void turnLeft()
{
    direction = direction + 1;
    direction = direction%4;
    drawing();
    return ;
}
```

由此我们可以直接利用 direction 全局变量来修改上一章中我们写过的扩展动作 turnRight() 和 turnBack()，而不需要调用 turnLeft() 三次和两次来完成这两个动作，这样小明完成这样的动作时就更加连贯了，例如：

```
/* 基本动作——右转 */
void turnRight()
{
    direction = direction + 3;
    direction = direction%4;
    drawing();
    return ;
}
/* 基本动作——后转 */
void turnBack()
{
    direction = direction + 2;
    direction = direction%4;
    drawing();
```

```
    return ;
}
```

接下来的基本动作向当前方向移动一步 step():

```
/* 基本动作——向当前方向移动一步 */
void step()
{
    int i = positionx;
    int j = positiony;

    switch(direction)
    {
    case DIR_RIGHT:
        if(i+1<POSWIDTH)
        {
            map[j][i] = 0;
            positionx = i+1;
            map[j][i+1] = 2;
        }
        break;
    case DIR_UP:
        if(j-1>=0)
        {
            map[j][i] = 0;
            positiony=j-1;
            map[j-1][i] = 2;
        }
        break;
    case DIR_LEFT:
        if(i-1>=0)
        {
            map[j][i] = 0;
            positionx = i-1;
            map[j][i-1] = 2;
        }
        break;
    case DIR_DOWN:
        if(j+1<POSHEIGHT)
        {
            map[j][i] = 0;
            positiony=j+1;
```

```
            map[j+1][i] = 2;
        }
        break;
    default:
        break;
    }
    drawing();
    return ;
}
```

该函数用到了 map 这个二维数组，首先我们根据 direction 选择小明要前进的方向，然后判断前进时是否超越了数组的边界（这非常重要，如果不判断越界的情况，可能会产生很多意想不到的错误）。如果没有越界，则可以向前走一步，将 map 中原来坐标位置的值置为空地'0'，map 中新的坐标位置的值置为小明'2'。但是这样存在一个问题，大家在前面用键盘 s 键控制小明走动的时候会发现，小明会移动到墙里面，并且走过之后会把墙吃掉（变成空地）。这是不符合常理的，因此我们希望能修改这个函数。如何修改呢？在小明移动之前我们需要判断下一个位置是否是墙，如果不是墙则可以移动。那么这个判断就可以添加到 if 语句中（如其中的一个方向为向右的 case）。

```
case DIR_RIGHT:
if(i+1<POSWIDTH&&map[j][i+1]!=1)
{
    map[j][i] = 0;
    positionx = i+1;
    map[j][i+1] = 2;
}
break;
```

每个 case 中的条件判断都加上这样的语句，这样小明在移动时就不会走到墙里了，相当于实现了上一章中 AdvStep()的功能。注意，这里我们用到了逻辑运算符&&的一个特性：用逻辑运算符&&连接起来的两个条件，在计算时是有一定顺序的，先算逻辑运算符&&前面的表达式，只有前面表达式的值为真时才会计算后面表达式的值，这样我们就不用担心后面的数组 map[j][i+1]出现越界的情况。类似的例子还有 x!=0&&y/x>1，该语句也可以保证不会出现除零错误。与&&运算符对应的||也有相应的特性，读者可以思考一下||的性质是什么样的。

另一个基本动作是判断前面是否为墙 IsFrontWall()，同样根据数组 map 中对应的值来进行判断。

```
/* 基本动作——判断前面是否为墙 */
int IsFrontWall()
{
    int flag = 0; // 0 不是墙，  1 是墙
    int i = positionx;
    int j = positiony;
```

```
    switch(direction)
    {
    case DIR_RIGHT:
        if(i+1<POSWIDTH&&map[j][i+1]==1)
        {
            flag = 1;
        }
        break;
    case DIR_UP:
        if(j-1>=0&&map[j-1][i]==1)
        {
            flag = 1;
        }
        break;
    case DIR_LEFT:
        if(i-1>=0&&map[j][i-1]==1)
        {
            flag = 1;
        }
        break;
    case DIR_DOWN:
        if(j+1<POSHEIGHT&&map[j+1][i]==1)
        {
            flag = 1;
        }
        break;
    default:
        break;
    }

    return flag;
}
```

在修改了让小明不移动到墙里的函数 step()后再来看这个函数是不是很简单呢？同样，我们可以直接利用 map 数组来修改上一章中我们写过的扩展动作 IsLeftWall()和 IsRightWall()，而不需要调用 turnLeft()和 IsFrontWall()来完成这两个动作。

同样我们可以利用数组 map 重新编写修改 StepLeft()、StepRight()、StepDown()和 StepUp()这些函数，使它们都成为小明更加连贯的基本动作。

利用这些修改过的函数，再来运行一下以前写过的走迷宫函数 move()，大家看看小明走起迷宫来是不是更加连贯了呢？

## 5.3　穿墙术和更多的世界

在上一节中我们利用数组重新实现了让小明不走到墙里的 AdvStep()函数，但是假如我们希望小明可以穿墙应该怎么做呢？即让小明移动到墙里再走出时不会把墙变成空地。还是利用原来的 step()函数，此时不需要判断前进时是否遇到墙，但是肯定不能将原来坐标位置的值置为空地'0'。有人可能认为，只需要走之前判断一下原来坐标位置的值是空地'0'还是墙'1'不就行了吗？可惜的是，我们通过 map 数组获取小明移动时原来坐标位置的值时得到的总是'2'，无法知道初始地图的位置是什么。有什么办法吗？

仔细思考一下，我们这里提到了初始地图，在当前的程序中，我们只用了一个数组 map 来表示地图，小明在移动时也是修改这个地图中的值。要解决上面提到的问题，我们可以新创建一个数组 map_original 来保存最初始的地图。初始时这两个地图完全一样，然后在小明移动时就可以利用初始地图的值来给小明走过的位置赋值，这样就可以实现穿墙术了！在 VS2010 环境下打开 5_2.vcxproj 工程文件，在这个工程里我们已经声明了一个全局数组 map_original，初始时将它和 map 的值设为一致。大家可以试试在这个工程上进行修改，看看是否能实现穿墙的功能（实现时需要注意初始地图 map_original 中原始小明位置应该也赋为 0，否则可能会出现小明的分身）。

本章中我们知道可以用数组来表示小明世界的地图，这样我们如果想要为小明创建更多的世界，只需要创建更多的数组就可以了，例如我们可以创建两个不同的数组 map1 和 map2，这样小明就有两个世界，如果我们希望小明可以在这两个世界中自由移动该怎么做呢？

在 VS2010 环境下打开 5_3.vcxproj 工程文件。在 Function.cpp 中，我们声明了一个指向数组的指针 pmap。

```
int (*pmap)[POSWIDTH];
```

因为地图数组 map 是一个二维数组，所以我们声明的指针也应该是一个指向二维数组的指针，该指针可以用来指向不同的地图数组。

然后我们可以在 Cdemo.cpp 的主函数中添加键盘操作动作，例如按键盘 1 选择地图 1(map1)，按键盘 2 选择地图 2(map2)。

```
if(key=='1') // 选择地图 1
    SelectMap(1);
if(key=='2') // 选择地图 2
    SelectMap(2);
```

那么选择地图函数 SelectMap(int index)就可以用指向二维数组的指针 pmap 根据传进来的参数指向这两个地图中的一个，然后再进行地图重画，这样就可以实现选择不同地图的功能。

```
/* 选择不同的地图 */
void SelectMap(int index)
{
    int i, j;
```

```
    if(index==1) // 选择地图 1
        pmap = map1;
    if(index==2) // 选择地图 2
        pmap = map2;
    /* 以下根据 pmap 进行地图重画 */
    for(j=0;j<POSHEIGHT;j++)
        for(i=0;i<POSWIDTH;i++)
        {
            map[j][i] = pmap[j][i];
        }
        drawing();
        return ;
}
```

怎么样，是不是像游戏中跳到下一关的功能？大家尝试创建更多的地图吧。

## 5.4 带着地图走迷宫——算法初探

第三章中我们采用沿墙走的方法来走迷宫，这种走法可以走出一般的迷宫，但是遇到如图 5-5 所示的这种迷宫，如果初始位置不恰当，沿墙走仍然走不出迷宫的，因为无论是沿左侧墙走还是沿右侧墙走都会在绕圈后回到起点。此时我们应该如何走呢（大家可以思考一下）？

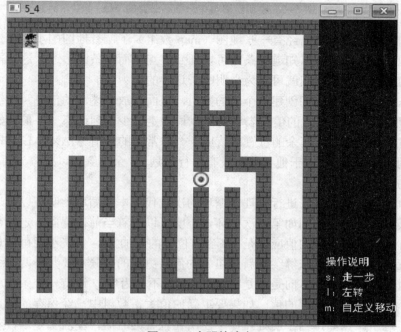

图 5-5 小明的迷宫

而且，在第三章的例子中，沿墙走的方法还会让小明走很多不必要的路。例如图 5-6 中粗线标记的一些路段。

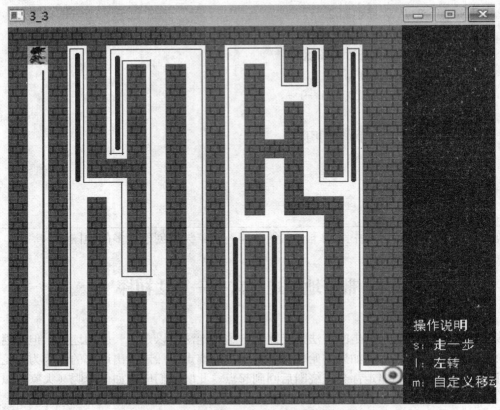

**图 5-6　小明走迷宫中一些不必要的路线**

现在，如果小明的手中已经有一张地图（map 数组）了，有地图的小明在走迷宫的时候可以按照地图来走，他可以知道哪条路可以通到终点，而哪条路不通。这就需要一定的路径规划能力。有地图后我们就可以为小明赋予这样的能力。

具体做法如下，首先我们创建一个新的数组，里面存放着迷宫的信息，数组中墙的位置赋值为-1，数组中其他位置的值代表小明可以最少走多少步到达那里。最初始的时候，小明的初始位置赋值为 0，其余的位置赋值成一个非常大的数值 MAXVALUE，代表当前小明走 0 步到达起始地点，由于他目前还没有进行规划，其余位置可以想象为暂不可达（即一个非常大的数值）。

然后，执行循环对这张表进行处理，循环的次数代表本次循环小明可以最远到达哪个位置，更新其余位置的值。例如第一次循环，小明可以沿着当前位置向下走一步，那么小明下面的位置所对应的数组的值应该是 1（当前位置的值加 1），代表小明可以最少用 1 步走到这个位置。用同样的方法继续更新数组中的值，更新的时候需要判断两个条件，一个是当前位置时上下左右四个方向是不是都可以走（是不是为墙），还有一个条件就是要更新的值应该小于数组中已经保存的值。如果要更新的值大于数组中已经保存的值，就说明这个位置已经走过了。例如，当小明处在如下图所在位置的时候，左右都是墙，不可走，上下都是可以走的，但数组中上面的位置已经赋值为 3 了，当前位置的值为 4，下面位置的值是 MAXVALUE，此时就应该只更新下面位置的值。

到达岔路口的时候，可以想像小明具有"分身术"，"分身"成几个小明分别对每个岔路口进行试探，并记录所需的最少步数。如果每次小明都有路可以走，那么每次循环后最少步数都加 1，并将新的最少步数的值赋给可以走的位置（注意这里步数和循环的次数是刚好一致的），直到没有路可以走了为止。5_4.vcxproj 工程中实现了这个算法。下面是这个算法的具体实现：

```
int d[POSHEIGHT][POSWIDTH];
#define MAX_VALUE POSHEIGHT*POSWIDTH
/*周围四个点 上 右 下 左*/
int aroundx[4] = {0, 1, 0, -1};
int aroundy[4] = {-1, 0, 1, 0};

/*  自定义动作  */
void move()
{
    int i,j,k;

    /*  获取地图并赋初值  */
    for(j=0;j<POSHEIGHT;j++)
        for(i=0;i<POSWIDTH;i++)
        {
            if(map[j][i]==2)
                d[j][i] = 0;
            else if(map[j][i]==0)
                d[j][i] = MAX_VALUE;
            else if(map[j][i]==3)
                d[j][i] = MAX_VALUE;
            else
                d[j][i] = -1;
        }

    int dv = 0;
    int dvold;
    do{
        dvold = dv;

        int count = 0; //  下一步的个数

        for(j=0;j<POSHEIGHT;j++)
            for(i=0;i<POSWIDTH;i++)
```

```
{
        if(d[j][i]= =dv)
        {
                /*判断周围四个点*/
                for(k=0;k<4;k++)
                {
                        if(j+aroundy[k]>=0&&j+aroundy[k]<POSHEIGHT
                                &&i+aroundx[k]>=0&&i+aroundx[k]<POSWIDTH
                                &&d[j+aroundy[k]][i+aroundx[k]]!=-1
                                &&d[j+aroundy[k]][i+aroundx[k]]>d[j][i]+1)
                        {
                                d[j+aroundy[k]][i+aroundx[k]] = dv+1;
                                count++; // 有 count 个候选步可以走
                        }
                }
        }
        if(count>0)
        {
                dv++; // count 大于 0 说明有路可走，那么 dv 可以更新
                drawing();
        }
    }while(dvold!=dv); // 是否存在继续更新的标志

    return ;
}
```

这个算法执行完毕后，实际上我们可以得到一张表，里面就记录着小明到达迷宫中任意一个位置所需要的最少步数，为了更直观一些，我们可以在小明的世界中把最少步数标记出来，如图 5-7 所示。

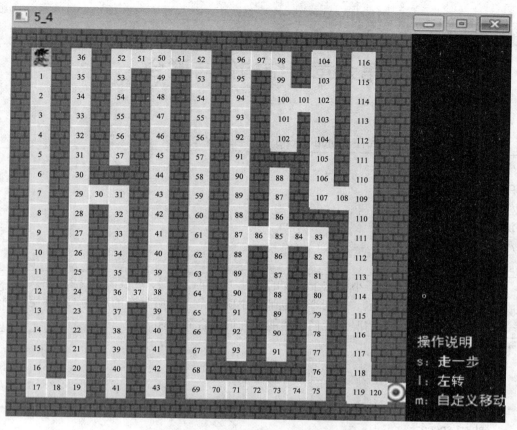

**图 5-7 小明走迷宫各点所需最少步数**

该算法执行到这里仅仅是生成了一张表,标示着小明到每个位置所需要走的最少步数,真正要完成走的过程还需要从终点开始,查看表中终点周围的数值,记录下比终点少一的位置,然后再次记录这个位置周围比它的表中数值还少一的位置,直至到起点为止。然后再从起点开始按照记录位置的反序来指导小明走出迷宫。这实际上是一种先入后出的数据结构,我们把它称为**栈**,我们将会在后续数据结构与算法中学到这一结构。在工程 5_5.vcxproj 中有我们用栈来走完迷宫的实现算法。

当迷宫比较小的时候,我们可以看到小明"思考的时间"(该算法的运行时间)还是比较快的,我们可以忍受,但是当迷宫变得比较大时,执行这个算法需要很长的一段时间。也就是说,这个算法的复杂度是很高的。我们可以对它进行一些简单的优化。仔细查看代码我们可以很容易地发现,每执行一次循环(更新最少步数),都需要对整个数组进行判断,但实际中需要更新数值的位置只是与上次循环更新位置相邻的位置,我们不需要判断过多无用的位置。

今后我们学习过数据结构与算法后,就可以用**队列**来解决这个问题。采用队列的方法进行迷宫探测的算法就是所谓的广度优先搜索算法,还有更加一般的 Dijkstra 算法(最短路径搜索算法),这也是在实际应用中使用非常广泛的算法。利用算法,可以让小明采用更快的方法走过迷宫,也可以快速走到地图上的任意一个位置。

# 第六章  结构体与联合

在上一章中，我们看到在 Function.cpp 中有四个全局变量。

```
/* 小明面向的方向 */
char direction;
/* 小明的位置坐标 */
int positionx, positiony;
/* 移动速度 */
short speed = 10;
```

这四个全局变量表示了小明这个人物的属性（方向、位置、速度）。这些属性具有不同的数据类型（char, int, short）。这四个变量都是小明这个人物所具有的属性，在使用的时候要一起使用。所以大多数情况下我们希望能把它们组合到一起。

```
{
    char direction;
    int positionx;
    int positiony;
    short speed;
}
```

这就需要用到 C 语言中的**结构体**。

## 6.1  基础知识回顾与扩展

### 6.1.1  结构体回顾

在 C 语言中，最基本的、不可再分的数据类型称为基本类型，如整型 int、浮点型 float 等。如果只能使用基本数据类型来进行编程，那将是一件痛苦的事情。C 语言还支持把基本数据类型组合起来形成更大的构造数据类型，即结构体 struct。

现在我们用 C 语言表示一个复数。从直角坐标系来看，复数由实部和虚部组成，从极坐标系来看，复数由模和辐角组成，两种坐标系可以相互转换，如下图所示：

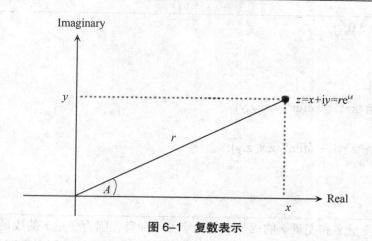

**图 6-1　复数表示**

如果用实部和虚部表示一个复数，我们可以写成由两个 double 型组成的结构体。

```
struct complex_struct {
    double x, y;
};
```

这一句定义了标识符 complex_struct，这种标识符在 C 语言中称为 Tag，struct complex_struct { double x, y; }整体可以看作一个类型名，类似 int 或 double，不过它是一个复合类型，如果用这个类型名来定义变量，可以写作：

```
struct complex_struct {
    double x, y;
} z1, z2;
```

z1 和 z2 是两个变量名，变量定义后面带;号是我们早就习惯的。但即使如前文中的例子那样只定义了 complex_struct 这个 Tag 而不定义变量，}后面的;号也不能省略。这点一定要注意，类型定义也是一种声明，声明都要以;号结尾。不管是用上面两种形式的哪一种定义了 complex_struct 这个 Tag，以后都可以直接用 struct complex_struct 来代替类型名了。例如可以这样定义另外两个复数变量：

```
struct complex_struct z3, z4;
```

如果在定义结构体类型的同时定义了变量，也可以不必写 Tag，例如：

```
struct {
    double x, y;
} z1, z2;
```

但这样就没办法再次引用这个结构体类型了，因为它没有名字。每个复数变量都有两个成员 x 和 y，可以用.运算符（.号）来访问，这两个成员的存储空间是相邻的，合在一起组成复数变量的存储空间。看下面的例子：

```
#include <stdio.h>

int main(void)
{
    struct complex_struct { double x, y; } z;
```

```
    double x = 3.0;
    z.x = x;
    z.y = 4.0;
    if (z.y < 0)
        printf("z=%f-%fi\n", z.x, z.y);
    else
        printf("z=%f+%fi\n", z.x, z.y);

    return 0;
}
```

注意上例中变量 x 和变量 z 的成员 x 的名字并不冲突，因为变量 z 的成员 x 只能通过表达式 z.x 来访问，编译器可以从语法上进行区分，这两个标识符 x 属于不同的命名空间。结构体 Tag 也可以定义在全局作用域中，这样定义的 Tag 在其定义之后的各函数中都可以使用。例如：

```
struct complex_struct { double x, y; };

int main(void)
{
    struct complex_struct z;
    ...
}
```

结构体变量也可以在定义时初始化，例如：

```
struct complex_struct z = { 3.0, 4.0 };
```

初始化中的数据依次赋给结构体的各成员。如果初始化的数据比结构体的成员多，编译器会报错，但如果只是末尾多个逗号则不算错。如果初始化的数据比结构体的成员少，未指定的成员将用 0 来初始化。例如，以下几种形式的初始化都是合法的。

```
double x = 3.0;
struct complex_struct z1 = { x, 4.0, }; /* z1.x=3.0, z1.y=4.0 */
struct complex_struct z2 = { 3.0, }; /* z2.x=3.0, z2.y=0.0 */
struct complex_struct z3 = { 0 }; /* z3.x=0.0, z3.y=0.0 */
```

{}语法不能用于结构体的赋值，如下例所示是错误的。

```
struct complex_struct z1;
z1 = { 3.0, 4.0 };
```

结构体变量之间使用赋值运算符是允许的，用一个结构体变量初始化另一个结构体变量也是允许的，例如：

```
struct complex_struct z1 = { 3.0, 4.0 };
struct complex_struct z2 = z1;
z1 = z2;
```

既然结构体变量之间可以相互赋值和初始化，也就可以当作函数的参数和返回值来传递。

```
struct complex_struct add_complex(struct complex_struct z1, struct complex_struct z2)
{
    z1.x = z1.x + z2.x;
    z1.y = z1.y + z2.y;
    return z1;
}
```

这个函数实现了两个复数相加，可以在 main 函数中这样调用：

```
struct complex_struct z = { 3.0, 4.0 };
z = add_complex(z, z);
```

### 6.1.2　结构体内存对齐

先看下面两个结构体，计算它们的大小分别是多少？

```
struct name1 {
    char str;
    short x;
    int num;
}
struct name2 {
    char str;
    int num;
    short x;
}
//sizeof(struct name1)=?
//sizeof(struct name2)=?
```

这是初学者问得最多的一个问题，也是企业面试经常遇到的一个问题。让我们先看一个简单的结构体：

```
struct S1
{
    char c;
    int i;
};
```

问 sizeof(s1)等于多少，char 占 1 个字节，int 占 4 个字节，那么加起来就应该是 5。是这样吗？在机器上试过了吗？也许是对的，但很可能是错的！VS2010 中按默认设置得到的结果为 8。

这就是所谓的字节对齐问题！

为什么需要字节对齐？计算机组成原理教导我们这样有助于加快计算机的取数速度，否则就得多花费指令周期。为此，编译器默认会对结构体进行处理（实际上其他数据变量也是如此），让宽度为 2 的基本数据类型（short 等）都位于能被 2 整除的地址上，让宽度为 4 的基本数据类型（int 等）都位于能被 4 整除的地址上，依此类推。这样，两个数中间就可能需要加入填充字节，所以整个结构体的 sizeof 值就增长了。

让我们交换一下 S1 中 char 与 int 的位置：

```
struct S2
{
    int i;
    char c;
};
```

看看 sizeof(S2)的结果为多少，还是 8！再看看内存，原来成员 c 后面仍然有 3 个填充字节。

字节对齐的细节和编译器实现相关，但一般而言，应满足三个准则：

1）结构体变量的首地址能够被其最宽基本类型成员的大小所整除；

2）结构体每个成员相对于结构体首地址的偏移量（offset）都是成员大小的整数倍，如有需要编译器会在成员之间加上填充字节（internal adding）；

3）结构体的总大小为结构体最宽基本类型成员大小的整数倍，如有需要编译器会在最末一个成员之后加上填充字节（trailing padding）。

以 32 位的 CPU 为例（16，64 位同 ），它一次可以对一个 32 位的数进行运算，它的数据总线的宽度是 32 位，在内存中一次可以存取的最大数为 32 位，这个数叫 CPU 的字（word）长。在进行硬件设计时，将存储体组织成 32 位宽，如每个存储体的宽度是 8 位，可用四块存储体与 CPU 的 32 位数据总线相连。

```
1          8          16          24          32

----------  ----------  ----------  ----------
|  long1   |  long1   |  long1   |  long1   |
----------  ----------  ----------  ----------
|  char    |  short1  |  short2  |  long2   |
----------  ----------  ----------  ----------
|  long2   |  long2   |  long2   |          |
----------  ----------  ----------  ----------
```

图 6-2　内存未对齐

当一个 long 型数（如图中 long1）在内存中的位置正好与内存的字边界对齐时，CPU 存取这个数只需访问一次内存，而当一个 long 型数（如图中 long2）在内存中的位置跨越字边界时，CPU 存取这个数就需多次访问内存，访问这样的数需读内存三次（一个 BYTE，一个 short，一个 BYTE，由 CPU 的微代码执行，对软件透明），所以在对齐方式下，CPU 的运行效率明显加快，这就是要对齐的原因。

### 6.1.3　联合类型回顾

在 C 语言中，可以定义不同类型的数据使用公用的存储区域，这种形式的数据构造类型称为联合。它提供了一种使用不同类型数据成员之间共享存储空间的方法，同时可以实现不同类型数据成员之间的自动类型转换。

联合也是一种新的数据类型，它是一种特殊形式的变量。联合说明和联合变量定义与结构十分相似。其形式为：

```
        union  联合名{
            数据类型  成员名;
            数据类型  成员名;
            ...
        } 联合变量名;
```

联合表示几个变量公用一个内存位置，在不同的时间保存不同的数据类型和不同长度的变量。

下例表示声明一个联合 u_ic：

```
union u_ic{
    int i;
    char mm;
};
```

再用已说明的联合可定义联合变量。

例如用上面说明的联合定义一个名为 lgc 的联合变量，可写成：

```
union u_ic lgc;
```

在联合变量 lgc 中，整型量 i 和字符 mm 公用同一内存位置。

当一个联合被说明时，编译程序自动地产生一个变量，其长度为联合中最大的变量长度。  如：

```
union data
{
    int i;
    char ch;
    float f;
}
```

该联合占用 4 字节。

每一瞬时，联合变量只有一个成员起作用，其它的成员不起作用，联合变量中起作用的成员是最后一次存放的成员。如下面程序中联合最终起作用的是 f 的值。

```
a.i = 1;
a.c = 'a';
a.f = 1.5;
```

不能直接对联合变量赋值，也不能直接通过引用联合变量名来得到一个值。例如如下程序是错误的：

```
union data a;
a = 1;

int m;
a.i = 1;
m = a;
```

联合访问其成员的方法与结构相同。同样联合变量也可以定义成数组或指针，但定义为指针时，也要用"->"符号，此时联合访问成员可表示成：

联合名->成员名

另外，联合既可以出现在结构内，其成员也可以是结构。

例如：

```
struct{
    int age;
    char *addr;
    union{
        int i;
        char *ch;
    }x;
}y[10];
```

若要访问结构变量 y[1]中联合 x 的成员 i，可以写成：

```
y[1].x.i;
```

若要访问结构变量 y[2]中联合 x 的字符串指针 ch 的第一个字符可写成：

```
*y[2].x.ch;
```

联合有一个妙用是用来解析一个寄存器或多字节内存变量的高低字节的值，而不需要我们手工使用位运算符来解析。

如我们要获得一个 int 类型变量各个字节的值，我们可以定义如下联合：

```
union data{
    unsigned char s[4];
    int n;
};
```

该联合有两个成员，int 类型的变量 n 和 unsigned char 类型的具有四个元素的数组 s。由于 int 类型占据 4 个字节，unsigned char 类型具有四个元素的数组也占据 4 个字节，所以联合的大小就是 4 个字节。如果我们对联合中的 n 进行赋值，然后再取出联合中 s 的四个元素的值，就得到了这个变量 4 个字节的值。

在这里还有一点需要大家注意，有时候我们获取的这 4 个字节的顺序可能会随着芯片和操作系统的不同而不同，这就是所谓的字节序问题。字节序是指多字节数据在计算机内存中存储或者网络传输时各字节的存储顺序。

有两种字节序：BIG-ENDIAN 和 LITTLE-ENDIAN。字节序跟多字节类型的数据有关如 int、short、long 型，而对单字节数据 byte 却没有影响。

比如　int a = 0x12345678;

在 BIG-ENDIAN 的情况下存放为：

字节号　0　1　2　3

数据　　12　34　56　78

在 LITTLE-ENDIAN 的情况下存放为：

字节号　0　1　2　3

数据　　78　56　34　12

由此可知，采用 BIG-ENDIAN 方式存储数据方便用户从字面上理解数据，LITTLE-ENDIAN 的数据较难理解，因为 LITTLE-ENDIAN 主要是方便 CPU 处理数据，提高计算机效率。

　　BIG-ENDIAN、LITTLE-ENDIAN 与 CPU 有关，每一种 CPU 不是 BIG-ENDIAN 就是 LITTLE-ENDIAN。一般 IA 架构(Intel、AMD)的 CPU 是 LITTLE-ENDIAN，而 PowerPC 、SPARC 和 Motorola 处理器是 BIG-ENDIAN。这其实就是所谓的主机字节序。而网络字节序是指数据在网络上传输时是大头还是小头的，在 Internet 的网络字节序是 BIG-ENDIAN。所谓的 JAVA 字节序指的是在 JAVA 虚拟机中多字节类型数据的存放顺序，JAVA 字节序也是 BIG-ENDIAN。

　　不同的 CPU 上运行不同的操作系统，字节序也是不同的，参见下表。

表 6–1 处理器、操作系统与字节序

| 处理器 | 操作系统 | 字节排序 |
| --- | --- | --- |
| Alpha | 全部 | LITTLE-ENDIAN |
| HP-PA | NT | LITTLE-ENDIAN |
| HP-PA | UNIX | BIG-ENDIAN |
| Intel-x86 | 全部 | LITTLE-ENDIAN |
| Motorola-680x() | 全部 | BIG-ENDIAN |
| MIPS | NT | LITTLE-ENDIAN |

有的还可以通过参数设置。

### 6.1.4 结构体和联合的区别

　　联合类型和结构体类型在定义、说明和引用的形式很相似，但它们在存储空间的占用和分配上有本质的区别。

　　1）结构和联合都由多个不同的数据类型成员组成，但在任何同一时刻，联合转只存放了一个被选中的成员，而结构的所有成员都存在。

　　2）对于联合的不同成员赋值，将会对其他成员重写，原来成员的值就不存在了，而对于结构的不同成员赋值是互不影响的。

## 6.2　小明的朋友

　　正如本章开始提到的那样，我们可以把四个变量放到一个代表人物的结构体 Person 中，并声明一个结构体变量 xiaoming。

```
/* 人物结构体 */
typedef struct
{
    char direction;
    int positionx;
    int positiony;
```

```
    short speed;
}Person;
Person xiaoming;
```

定义了 Person 结构体后，我们可以在小明的世界中快速添加一位新的客人小红（xiaohong）。

```
Person xiaohong;
```

xiaohong 具有和 xiaoming 相同的属性。如果我们需要对小红进行和小明一样的操作，就需要在已经写好的函数中添加参数。这样的话，我们原来写过的所有函数几乎都需要做相应的修改，如基本动作左转，需要添加一个结构体形参。

```
/*  基本动作——左转  */
void turnLeft(Person * x)
{
    x->direction = x->direction + 1;
    x->direction = x->direction%4;
    drawing();
    return ;
}
```

此时我们采用传递参数的方式调用基本动作，如果传进来的参数是&xiaoming，那么 xiaoming 就执行左转的动作。其他各个函数可以在 VS2010 环境下打开 6_1.vcxproj 工程文件，查看其中 Function.h 里各个函数的定义，每个动作都做了相应的修改。

```
/*  基本动作——左转  */
extern void turnLeft(Person *x);
/*  基本动作——右转  */
extern void turnRight(Person *x);
/*  基本动作——后转  */
extern void turnBack(Person *x);
/*  基本动作——向当前方向移动一步  */
extern void step(Person *x);
/*  基本动作——判断前面是否为墙  */
extern int IsFrontWall(Person *x);
/*  基本动作——判断右边是否为墙  */
extern int IsRightWall(Person *x);
/*  基本动作——判断左边是否为墙  */
extern int IsLeftWall(Person *x);
/*  向上走一步  */
extern void StepUp(Person *x);
/*  向下走一步  */
extern void StepDown(Person *x);
/*  向左走一步  */
extern void StepLeft(Person *x);
```

```
/* 向右走一步 */
extern void StepRight(Person *x);
/* 基本动作——获取当前方向
 * 右 DIR_RIGHT 0 上 DIR_UP 1 左 DIR_LEFT 2 下 DIR_DOWN 3 */
extern int getDirection(Person *x);
/* 判断是否到终点 */
extern int IsEnd(Person *x);
/* 自定义动作 */
extern void move(Person *x);
```

在 Cdemo.cpp 中的主函数 main()中添加键盘操作分别控制 xiaoming 和 xiaohong 的移动。

```
    while(true)
    {
        /* 获取按键 */
        int key = getch();
        if(key=='q') // 按键 q 退出
            break;

        if(key==KEYUP) // 向上走
            StepUp(&xiaoming);
        if(key==KEYDOWN) // 向下走
            StepDown(&xiaoming);
        if(key==KEYLEFT) // 向左走
            StepLeft(&xiaoming);
        if(key==KEYRIGHT) // 向右走
            StepRight(&xiaoming);
        if(key=='m') // 按键 m 自定义连贯动作
            move(&xiaoming);

        if(key=='a') // 向左走
            StepLeft(&xiaohong);
        if(key=='s') // 向下走
            StepDown(&xiaohong);
        if(key=='d') // 向右走
            StepRight(&xiaohong);
        if(key=='w') // 向上走
            StepUp(&xiaohong);
        if(key=='n') // 按键 n 自定义连贯动作
            move(&xiaohong);
    }
```

简单阅读上面的代码可以很容易看出，通过键盘的↑、↓、←、→和 m 键可以控制小明的动作，a、s、d、w 和 n 键可以控制小红的动作。大家可以在工程中把缺失的代码补充完整。

# 6.3　面向对象编程思想初探

6.2 节中将小明的属性用 struct 结构体来封装，我们隐约可以感觉其与 C 语言一直使用的面向过程的思想有些不同，在后文的例子中，实际上我们已经将小明抽象成一个人物，并且赋予这个人物一些属性（方向、位置、速度），这是一个普通人物都应该具有的属性。这样我们可以用人物创建更多的实例，如小明（xiaoming）和小红（xiaohong）均是人物的实例。创建一个实例的方法很简单，用结构体来声明一个新的变量即可。

但是在 C 语言中采用结构体的方式来封装一个抽象的事物还具有一定的局限性，例如我们目前仅封装了人物的属性，这些属性都是静态的，但是实际上我们知道，人物还应该具有很多动态的属性，比如行为，如本书中提到的一些基本动作（如向上走一步、向下走一步等），我们很希望将这些行为都放到人物中。在 C 语言的结构体中添加抽象的行为（函数）不容易实现，虽然也有一些方法，如利用函数指针，但这种方式仍很不直观。

今后，我们可能还会学习其他编程语言，如 C++、C#、Java 等，在这些语言中，如 C++对 C 最重要的改变之一是把函数放进了结构体中，使结构体的概念很自然地更进一步，从而产生了类（class）的概念。在类中，一个对象不仅可以有属性，也可以有行为，即方法。类把数据和函数捆绑到一起，其中数据表示类的属性，函数表示类的行为。面向对象思想就是把整个世界看作由具有属性和行为的各种对象组成，任何对象都具有属性和行为特征。例如人是一种对象，人有姓名、年龄、性别、出生日期等静态属性，也有吃饭、喝水、睡觉等动态属性。在编程语言中，我们可以用类来作为对象的模版，即类是对一组有相同数据和相同操作的对象的定义，一个类所包含的方法和数据描述一组对象的共同属性和行为。类是在对象之上的抽象，对象则是类的具体化，是类的实例。类可有其子类，也可有其他类，形成类的层次结构，这样可以实现继承和多态。并且在实现中利用关键字 public、private 和 protected 声明哪些属性和行为函数是可以公开访问的、私有的或者是受保护的，从而达到信息隐藏的目的。

有关更多关于面向对象的思想，大家可以在今后学习 C++、C#、Python 或 Java 语言的过程中慢慢体会。

# 第七章　文件操作

在通过键盘控制小明的过程中，有时我们希望能够保存小明当前的位置，再让小明走过一段后按某个键重新回到保存好的位置上（类似于玩游戏过程中的保存与载入进度的功能）。在 VS2010 环境下打开 7_1.vcxproj 工程文件，我们可以在 Cdemo.cpp 里主函数的 while 循环中添加下面的代码，通过按 k 键和 l 键分别保存和载入小明的状态。

```
while(1)
{
    ......
        if(key=='k') // 按键 k 保存小明的状态
            savestatus();
    if(key=='l') // 按键 l 载入小明的状态
        loadstatus();
    ......
}
```

然后，我们就来实现 savestatus()和 loadstatus()这两个函数。这里我们需要保存的仅仅是小明的位置（positionx，positiony）和当前所面向的方向（direction）就可以了。用什么来保存呢？

最简单的方法，我们可以用三个全局变量来保存它们。

```
char direction_saved = DIR_RIGHT;
int positionx_saved = 1;
int positiony_saved = 1;
```

保存状态的函数 savestatus()就是将小明的位置和方向保存到这三个变量中。

```
/* 保存小明的状态 */
void savestatus()
{
    /* 保存小明的方向和位置 */
    direction_saved = xiaoming.direction;
    positionx_saved = xiaoming.positionx;
    positiony_saved = xiaoming.positiony;
}
```

载入状态的函数 loadstatus()就是将保存下来的值存到小明的结构体中。

```
/* 载入小明的状态 */
void loadstatus()
{
    /* 载入小明的方向和位置 */
```

```
        xiaoming.direction = direction_saved;
        xiaoming.positionx = positionx_saved;
        xiaoming.positiony = positiony_saved;
        /* 重画小明的世界 */
        drawing();
}
```

这样，编译运行后，按 k 键保存当前小明的位置和方向，走几步之后，按 l 键则可以回到保存的位置。

这样是不是就达到我们的要求了呢？假如我们在当前位置按 k 键保存，然后退出小明的世界，再次打开按 l 键，发现小明并不会到我们刚才保存的位置，也就是说，我们刚才利用全局变量保存小明的状态信息，仅仅是在运行程序的过程中载入才可以，退出后保存的信息就消失了。这里涉及全局变量的生命周期问题，全局变量的生命周期是整个程序执行过程，程序退出时全局变量就消失了，我们保存到全局变量 direction_saved，positionx_saved 和 positiony_saved 中的值也就随之消失了，因此用全局变量的方式保存信息只能应用在程序执行的过程中，而不能让程序退出。我们将会在第 9 章详细讨论各种变量的生命周期问题。

但是我们大部分时候玩游戏的情况下，还是希望能够在程序退出再进入的时候仍然可以载入保存的内容，这时应该怎么做呢？我们需要一种可以一直保存信息的机制。

对了，我们可以利用存储于磁盘上的**文件**！

## 7.1　基础知识回顾与扩展

### 7.1.1　文件类型声明

在 Windows 或 Linux 操作系统中，文件都可以分为文本文件（Text File）和二进制文件（Binary File）两种。例如，我们编写的 C 语言源文件是文本文件，而编译出来的可执行文件和库文件是二进制文件。文本文件是用来保存字符的，文件中的字节都是字符的某种编码（例如，ASCII 或 UTF-8），而二进制文件不是用来保存字符的，文件中的字节表示其他含义，例如可执行文件中有些字节表示指令，有些字节表示各 Section 和 Segment 在文件中的位置，有些字节表示各 Segment 的加载地址。

文本文件是一个模糊的概念。有些时候文本文件指用 txt 文档工具编辑出来的文件，这些文件中只包含 ASCII 码中的可见字符，而不包含像'\0'这种不可见字符，也不包含最高位是 1 的非 ASCII 码字节。从广义上来说，只要是专门保存字符的文件都属于文本文件，包含不可见字符和采用其他字符编码（例如 UTF-8 编码）的文件也属于文本文件。

当我们对文件进行操作的时候，操作系统会维护一个保存当前系统中所有打开的文件控制块(FCB, File Control Block)的数组，并且利用每一个文件控制块来管理对每一个文件的操作。

在 C 语言中，当我们从文件中读取数据（无论是 ASCII 码字符串还是二进制数据）到计算机内存时，我们要做的第一件事是声明一个指向 FILE 结构的指针。

```
FILE *fptr;
```

这个 FILE 结构中包含了打开文件的描述符（又称为文件句柄）。我们不需要知道 FILE 结构的细节。实际上，FILE 结构是通过间接地操作系统的文件控制块(FCB)来实现对文件的操作的。

当我们调用库函数 fopen 打开一个文件的时候，fopen 函数会动态创建一个 FILE 结构并分配一个文件句柄，从磁盘文件中读入文件数据库结构并填入文件数据块数组中，然后返回这个 FILE 结构的地址。当打开文件时，就建立了和文件的关系。然后，我们就可以用这个地址（或者文件句柄）调用文件操作的函数来完成读写等操作。最后，我们调用 fclose 函数销毁动态创建的 FILE 结构对象，同时释放文件句柄并刷新缓冲区。

### 7.1.2　文件操作函数

本节我们介绍的大部分函数在头文件 stdio.h 中声明，称为标准 I/O 库函数。

**1. fopen/fclose**

在操作文件之前要用 fopen 打开文件，操作完毕要用 fclose 关闭文件。打开文件就是在操作系统中分配一些资源用于保存该文件的状态信息，并得到该文件的标识，以后用户程序就可以用这个标识对文件进行各种操作，关闭文件则释放文件在操作系统中占用的资源，使文件的标识失效，用户程序就无法再操作这个文件了。

```
#include <stdio.h>
FILE *fopen(const char *path, const char *mode);
```

返回值：成功返回文件指针，出错返回 NULL。

path 是文件的路径名，mode 表示打开方式。如果文件打开成功，就返回一个 FILE * 文件指针来标识这个文件。以后调用其他函数对文件做读写操作都要提供这个指针，以指明对哪个文件进行操作。FILE 是 C 标准库中定义的结构体类型，其中包含该文件在内核中标识（称为文件描述符）、I/O 缓冲区和当前读写位置等信息，但调用者不必知道 FILE 结构体都有哪些成员，调用者只是把文件指针在库函数接口之间传来传去，而文件指针所指的 FILE 结构体的成员在库函数内部维护，调用者不应该直接访问这些成员，这种编程思想在面向对象方法论中称为封装。像 FILE *这样的指针称为不透明指针或者句柄（Handle），FILE *指针就像一个把手，抓住这个把手就可以打开门或抽屉，但用户只能抓住这个把手，而不能直接抓门或抽屉。

path 参数可以是相对路径，也可以是绝对路径，mode 表示打开方式是读还是写。比如 fp = fopen("E:/file.txt", "w");表示打开绝对路径 E:/file.txt 文件，只做写操作。path 也可以是相对路径，比如 fp = fopen("file.txt", "r");表示在当前工作目录下打开文件 file.txt，只做读操作，再比如 fp = fopen("../a.exe", "r");只读打开当前工作目录上一层目录下的 a.exe，fp = fopen("download/file.txt", "w");只写打开当前工作目录下子目录 download 下的 file.txt。相对路径是相对于当前工作目录（Current Working Directory）的路径，每个进程都有自己的当前工作目录。

mode 参数是一个字符串，由 rwatb+六个字符组合而成，r 表示读，w 表示写，a 表示追加（Append），在文件末尾追加数据使文件的尺寸增大。t 表示文本文件，b 表示二进制文件，有些操作系统的文本文件和二进制文件格式不同，而在 UNIX 系统中，无论文本文件还是二进制文件都由一串字节组成，t 和 b 没有区分，用哪个都一样，也可以省略不写。如果省略 t 和 b，rwa+四个字符有以下 6 种合法的组合：

"r"只读，文件必须已存在；

"w"只写，如果文件不存在则创建，如果文件已存在则把文件长度截断（Truncate）为 0 字节再重新写，即替换掉原来的文件内容；

"a"只能在文件末尾追加数据，如果文件不存在则创建；

"r+"允许读和写，文件必须已存在；

"w+"允许读和写，如果文件不存在则创建，如果文件已存在则把文件长度截断为 0 字节再重新写；

"a+"允许读和追加数据，如果文件不存在则创建。

在打开一个文件时如果出错，fopen 将返回 NULL。在程序中应该做出错处理，通常这样写：

```
if ( (fp = fopen("E:/file.txt", "r")) == NULL) {
    printf("error open file E:/file.txt!\n");
    exit(1);
}
```

比如 E:/file.txt 这个文件不存在，而 r 打开方式又不会创建这个文件，fopen 就会出错返回。

下面看看 fclose 函数：

```
#include <stdio.h>

int fclose(FILE *fp);
```

返回值：成功返回 0，出错返回 EOF。

把文件指针传给 fclose 可以关闭它所标识的文件，关闭之后该文件指针就无效了，不能再使用了。如果 fclose 调用出错（比如传给它一个无效的文件指针）则返回 EOF， EOF 在 stdio.h 中定义：

```
/* End of file character.
   Some things throughout the library rely on this being -1.   */
#ifndef EOF
#define EOF (-1)
#endif
```

它的值是-1。fopen 调用应该和 fclose 调用配对，打开文件完成操作之后一定要记得关闭。如果不调用 fclose，在进程退出时系统会自动关闭文件，但是不能因此就忽略 fclose 调用，如果写一个长年累月运行的程序（比如网络服务器程序），打开的文件都不关闭，堆积得越来越多，就会占用越来越多的系统资源。

**2. fseek/ftell**

这是两个操作读写位置的函数，fseek 可以任意移动读写位置，ftell 可以返回当前的读写位置。

```
#include <stdio.h>
int fseek(FILE *stream, long offset, int whence);
```

返回值：成功返回 0，出错返回-1。

```
long ftell(FILE *stream);
```

返回值：成功返回当前读写位置，出错返回-1。

fseek 的 whence 和 offset 参数共同决定了读写位置移动到何处，whence 参数的含义如下。

SEEK_SET：从文件开头移动 offset 个字节；

SEEK_CUR：从当前位置移动 offset 个字节；

SEEK_END：从文件末尾移动 offset 个字节。

offset 可正可负，负值表示向前（向文件开头的方向）移动，正值表示向后（向文件末尾的方向）移动，如果向前移动的字节数超过了文件开头则出错返回，如果向后移动的字节数超过了文件末尾，再次写入时将增大文件尺寸，从原来的文件末尾到 fseek 移动之后的读写位置之间的字节都是 0。

**3. fgetc/getchar fputc/putchar**

fgetc 函数从指定的文件中读一个字节，getchar 从标准输入读一个字节，调用 getchar() 相当于调用 fgetc(stdin)。

```
#include <stdio.h>
int fgetc(FILE *stream);
int getchar(void);
```

返回值：成功返回读到的字节，出错或者读到文件末尾时返回 EOF。

FILE *指针参数有时会命名为 stream，这是因为标准 I/O 库操作的文件有时也称为流（Stream），文件由一串字节组成，每次可以读或写其中任意数量的字节。

对于 fgetc 函数的使用有以下几点说明：

要用 fgetc 函数读一个文件，该文件的打开方式必须是可读的。

系统对于每个打开的文件都记录着当前读写位置在文件中的地址（或者说距离文件开头的字节数），也叫偏移量（Offset）。当文件打开时，读写位置是 0，每调用一次 fgetc，读写位置向后移动一个字节，因此可以连续多次调用 fgetc 函数依次读取多个字节。

fgetc 成功时返回读到一个字节，本来应该是 unsigned char 型的，但由于函数原型中返回值是 int 型，所以这个字节要转换成 int 型再返回，那为什么要规定返回值是 int 型呢？因为出错或读到文件末尾时 fgetc 将返回 EOF，即-1，保存在 int 型的返回值中是 0xffffffff，如果读到字节 0xff，由 unsigned char 型转换为 int 型是 0x000000ff，只有规定返回值是 int 型才能把这两种情况区分开，如果规定返回值是 unsigned char 型，那么当返回值是 0xff 时无法区分到底是 EOF 还是字节 0xff。如果需要保存 fgetc 的返回值，一定要保存在 int 型变量中，如果写成 unsigned char c = fgetc(fp);，那么根据 c 的值又无法区分 EOF 和 0xff 字节了。注意，fgetc 读到文件末尾时返回 EOF，只是用这个返回值表示已读到文件末尾，并不是说每个文件末尾都有一个字节是 EOF（根据上面的分析，EOF 并不是一个字节）。

fputc 函数向指定的文件写一个字节，putchar 向标准输出写一个字节，调用 putchar(c) 相当于调用 fputc(c, stdout)。

```
#include <stdio.h>
int fputc(int c, FILE *stream);
int putchar(int c);
```

返回值：成功返回写入的字节，出错返回 EOF。

对于 fputc 函数的使用也要说明几点：

要用 fputc 函数写一个文件，该文件的打开方式必须是可写的（包括追加）。

　　每调用一次 fputc，读写位置向后移动一个字节，因此可以连续多次调用 fputc 函数，依次写入多个字节。但如果文件是以追加方式打开的，每次调用 fputc 时总是将读写位置移到文件末尾，然后把要写入的字节追加到后面。

### 4. fgets/gets fputs/puts

　　fgets 从指定的文件中读一行字符到调用者提供的缓冲区中，gets 从标准输入读一行字符到调用者提供的缓冲区中。

```
#include <stdio.h>
char *fgets(char *s, int size, FILE *stream);
char *gets(char *s);
```

　　返回值：成功时返回的指针指向 s 指向的位置，出错或者读到文件末尾时返回 NULL。

　　gets 函数无需解释，因为我们不推荐使用该函数，gets 函数的存在只是为了兼容以前的程序，我们写的代码都不应该调用这个函数。gets 函数的接口设计得很有问题，就像 strcpy 一样，用户提供一个缓冲区，却不能指定缓冲区的大小，很可能导致缓冲区溢出错误，这个函数比 strcpy 更加危险，strcpy 的输入和输出都来自程序内部，只要程序员小心一点就可以避免出问题，而 gets 读取的输入直接来自程序外部，用户可能通过标准输入提供任意长的字符串，程序员无法避免 gets 函数导致的缓冲区溢出错误，所以唯一的办法就是不要使用它。

　　fgets 函数中，参数 s 是缓冲区的首地址，size 是缓冲区的长度，该函数从 stream 所指的文件中读取以'\n'结尾的一行（包括'\n'在内）存到缓冲区 s 中，并且在该行末尾添加一个'\0'组成完整的字符串。

　　如果文件中的一行太长，fgets 从文件中读了 size-1 个字符还没有读到'\n'，就把已经读到的 size-1 个字符和一个'\0'字符存入缓冲区，文件中剩下的半行可以在下次调用 fgets 时继续读。

　　如果一次 fgets 调用在读入若干个字符后到达文件末尾，则将已读到的字符串加上'\0'存入缓冲区并返回，如果再次调用 fgets 则返回 NULL，可以据此判断是否读到文件末尾。

　　注意，对于 fgets 来说，'\n'是一个特别的字符，而'\0'并无任何特别之处，如果读到'\0'就当作普通字符读入。如果文件中存在'\0'字符（或者说 0x00 字节），调用 fgets 之后就无法判断缓冲区中的'\0'究竟是从文件读上来的字符还是由 fgets 自动添加的结束符，所以 fgets 只适合读文本文件而不适合读二进制文件，并且文本文件中的所有字符都应该是可见字符，不能有'\0'。

　　fputs 向指定的文件写入一个字符串，puts 向标准输出写入一个字符串。

```
#include <stdio.h>
int fputs(const char *s, FILE *stream);
int puts(const char *s);
```

　　返回值：成功返回一个非负整数，出错返回 EOF。

　　缓冲区 s 中保存的是以'\0'结尾的字符串，fputs 将该字符串写入文件 stream，但并不写入结尾的'\0'。与 fgets 不同的是，fputs 并不关心字符串中有无'\n'字符。puts 将字符串 s 写到标准输出（不包括结尾的'\0'），然后自动写一个'\n'到标准输出。

## 5. fread/fwrite

```
#include <stdio.h>
size_t fread(void *ptr, size_t size, size_t nmemb, FILE *stream);
size_t fwrite(const void *ptr, size_t size, size_t nmemb, FILE *stream);
```

返回值：读或写的记录数，成功时返回的记录数等于 nmemb，出错或读到文件末尾时返回的记录数小于 nmemb，也可能返回 0。

fread 和 fwrite 用于读写记录，这里的记录是指一串固定长度的字节，比如一个 int、一个结构体或者一个定长数组。参数 size 指出一条记录的长度，而 nmemb 指出要读或写多少条记录，这些记录在 ptr 所指的内存空间中连续存放，共占 size * nmemb 个字节，fread 从文件 stream 中读出 size * nmemb 个字节保存到 ptr 中，而 fwrite 把 ptr 中的 size * nmemb 个字节写到文件 stream 中。

nmemb 是请求读或写的记录数，fread 和 fwrite 返回的记录数有可能小于 nmemb 指定的记录数。例如，当前读写位置距文件末尾只有一条记录的长度，调用 fread 时指定 nmemb 为 2，则返回值为 1。如果当前读写位置已经在文件末尾了，或者读文件时出错了，则 fread 返回 0。如果写文件时出错了，则 fwrite 的返回值小于 nmemb 指定的值。下面的例子由两个程序组成，一个程序把结构体保存到文件中，另一个程序和从文件中读出结构体。

```c
/* writerec.c */
#include <stdio.h>
#include <stdlib.h>

struct record {
    char name[10];
    int age;
};

int main(void)
{
    struct record array[2] = {{"Ken", 24}, {"Knuth", 28}};
    FILE *fp = fopen("recfile", "w");
    if (fp == NULL) {
        perror("Open file recfile");
        exit(1);
    }
    fwrite(array, sizeof(struct record), 2, fp);
    fclose(fp);
    return 0;
}
/* readrec.c */
#include <stdio.h>
#include <stdlib.h>
```

```
struct record {
    char name[10];
    int age;
};

int main(void)
{
    struct record array[2];
    FILE *fp = fopen("recfile", "r");
    if (fp == NULL) {
        perror("Open file recfile");
        exit(1);
    }
    fread(array, sizeof(struct record), 2, fp);
    printf("Name1: %s\tAge1: %d\n", array[0].name, array[0].age);
    printf("Name2: %s\tAge2: %d\n", array[1].name, array[1].age);
    fclose(fp);
    return 0;
}
```

编译运行：

```
writerec.exe
```

生成记录文件 recfile 的二进制格式为：

```
000000 4b 65 6e 00 00 00 00 00 00 00 00 00 18 00 00 00
000010 4b 6e 75 74 68 00 00 00 00 00 00 00 1c 00 00 00
```

运行 readrec，输出结构体信息：

```
readrec.exe
Name1: Ken    Age1: 24
Name2: Knuth Age2: 28
```

我们把一个 struct record 结构体看作一条记录，由于结构体中有填充字节，每条记录占 16 字节，把两条记录写到文件中共占 32 字节。该程序生成的 recfile 文件是二进制文件而非文本文件，因为其中不仅保存着字符型数据，还保存着整型数据 24 和 28（在 od 命令的输出中以八进制显示为 030 和 034）。注意，直接在文件中读写结构体的程序是不可移植的，如果在一种平台上编译运行 writebin.c 程序，把生成的 recfile 文件拷到另一种平台并在该平台上编译运行 readbin.c 程序，则不能保证正确读出文件的内容，因为不同平台的大小端可能不同（因而对整型数据的存储方式不同），结构体的填充方式也可能不同（因而同一个结构体所占的字节数可能不同，age 成员在 name 成员之后的什么位置也可能不同）。

# 7.2　保存与载入

　　除了全局变量，我们还可以采取用保存文件的方式来保存信息，因为文件是在磁盘上创建的，无论程序运行还是结束它都会存在，所以我们可以用读写文件的方式来保存和载入信息，重新实现 savestatus()和 loadstatus()这两个函数。

　　在 savestatus()函数中我们可以打开一个文件，文件名称可以自己指定，在文件中调用文件操作函数写入小明的状态，写入的格式也可以自己指定，无论是采用二进制方式还是文本方式都可以。

```
/* 保存小明的状态 */
void savestatus()
{
    FILE * fp;
    fp = fopen("xiaoming.dat","wb");
    if(fp= =NULL)
    {
        return ;
    }
    else
    {
        fwrite(&(xiaoming.positionx), 4, 1, fp);
        fwrite(&(xiaoming.positiony), 4, 1, fp);
        fwrite(&(xiaoming.direction), 1, 1, fp);
        fclose(fp);
    }

    return ;
}
```

　　同样，在 loadstatus()函数中，我们需要打开同一个文件，按照写入的格式调用文件操作函数将小明的信息读取出来。需要注意的是在读文件的过程中需要判断文件是否存在，如果不存在则直接返回或提醒文件访问错误信息。

```
/* 载入小明的状态 */
void loadstatus()
{
    FILE * fp;
    fp = fopen("xiaoming.dat","rb");
    if(fp= =NULL)
    {
        return ;
```

```
    }
    else
    {
        fread(&(xiaoming.positionx), 4, 1, fp);
        fread(&(xiaoming.positiony), 4, 1, fp);
        fread(&(xiaoming.direction), 1, 1, fp);
        fclose(fp);
        /*  重画小明的世界  */
        drawing();
    }

    return ;
}
```

注意读取文件时各个数据的顺序应该与保存文件时的顺序相一致，否则就得不到我们保存的数据了。大家可以把这两个函数采用如上文件读写的方式写一下，然后再次编译和运行小明的世界，试一下保存功能，看看退出程序后是不是仍然可以载入我们保存的信息。

如果要把整个地图都保存下来该怎么做呢？

如果我们想保存和载入多于一个的状态（或游戏进度）应该怎么做呢？

## 7.3  加密文件

上面的例子中，我们仅仅保存了小明的状态，主要包括位置信息和方向信息，一共 9 个字节到文件 xiaoming.dat 中。如果有人能猜到 xiaoming.dat 中要保存的内容，可以从这 9 个字节猜到相应的信息。例如，如果小明当前所在的位置坐标是（1,2），方向值是 3，那么保存的文件在二进制下打开应该如下图所示：

**图 7-2  未加密文件**

从图中我们可以明显看到前四个字节是 01，00，00，00，由于我们使用的电脑是 intel x86 架构的，所以是小端序的，根据上一章的分析，得到这个数字是 1。同理可以得到后面四个字节的数字是 2。最后只剩一个字节，03，即为方向的数值。

如果我们不希望别人能猜到里面的内容，那么可以采用一种简单的加密方法来实现，使文件中保存的信息不那么明显。在这里，我们使用在第二章学过的位运算来完成这样的算法。位运算符按位异或^有一个非常特殊的性质：

如果 a^b=c,

那么 c^b=a。

在这里我们把上式中的 a 作为原信息，c 为加密后的信息，b 为加密密码。我们可以任意选择一个字节的数据作为加密密码 b，可以在程序中事先设定好。在本例中我们假设为 0x36。然后每个将要写入文件中的字节在写入前都和该密码进行异或，得到加密后的数据 c，再将 c 写入文件中即可。此时得到的文件在二进制下打开如下图所示：

**图 7-3　加密文件**

此时，从图中就较难看出每个字节的意义了。

但是，不要忘了，在载入的过程中从文件中读取数据，还需要将读取的数据每个字节再与密码进行异或，这样才能得到所要的信息。

以上这种简单加密算法可以适用于任何文件。

# 第八章　编译与函数库

## 8.1　编译和链接简介

  C 语言的编译链接过程要把我们编写的一个 C 程序（源代码）转换成可以在硬件上运行的程序（可执行代码）。编译就是把文本形式源代码翻译为机器语言形式的目标文件的过程。链接是把目标文件、操作系统的启动代码和用到的库文件进行组织，形成最终生成可执行代码的过程。

  要理解这个过程，我们首先需要明白一些基本概念。

  编辑器：我们编写代码的一些窗口，如记事本、word、notepad、vi 编辑器等。

  编译器：检查代码的一些语法错误并将其编译成汇编代码。

  汇编器：将编译出来的汇编代码生成目标文件。

  链接器：将目标文件和一些必要的库链接起来生成可执行程序。

  集成开发环境：用于程序开发的应用程序，一般包括代码编辑器、编译器、汇编器、链接器这些基本工具，也包括调试器和图形用户界面等工具。如本书中使用的 Visual Studio 2010 等。

  整个编译链接过程如下图所示：

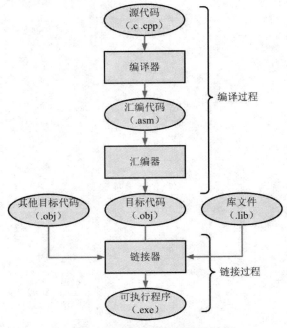

**图 8-11　C 语言的编译链接过程**

从图上可以看到，整个代码的编译过程分为编译和链接两个过程，编译对应图大括号括起的部分，其余则为链接过程。

首先我们看一下编译过程。编译的第一步是预编译处理，我们将在 8.2 节介绍，预编译处理器读取 C 源程序，对其中的伪指令（以# 开头的指令）和特殊符号进行处理。经过预编译处理后，程序里面已经没有宏定义、文件包含等指令，只剩下一些变量、常量和关键字等，编译的主要作用就是通过词法分析和语法分析，检查这些代码的语法错误，并将其翻译成汇编代码。编译过程中还涉及代码的优化，可以根据编译器提供的优化选项来对代码进行时间或空间上的优化。这一步生成的中间文件是.s 或.asm 文件，文件内容是程序的汇编代码。经过优化得到的汇编代码必须经过汇编程序的汇编转换成相应的机器指令，方可能被机器执行，因此汇编器实际上完成了将汇编代码翻译成目标机器指令的任务。生成的文件为.obj 文件或.o 文件。该文件中存放了编译好的代码和数据，相应的目标文件中至少包含两个段。①代码段：该段中主要包含程序的指令。该段一般是可读和可执行的，但一般不可写。②数据段：主要存放程序中要用到的各种全局变量或静态的数据。一般数据段都是可读、可写、可执行的。

编译过程结束后，得到的目标代码实际上已经是机器码了，即 CPU 可以识别这些文件，但很多时候目标文件却并不能立即就被执行，其中还有许多没有解决的问题。例如，某个源文件中的函数可能引用了另一个源文件中定义的某个符号（如变量或者函数调用等）；在程序中可能调用了某个库文件中的函数等。所有的这些问题，都需要经链接程序的处理方能得以解决。

大多数高级语言都支持分别编译，程序员可以显式地把程序划分为独立的模块或文件，然后每个独立部分分别编译。在编译之后，由链接器把这些独立的片段（称为编译单元）"黏接到一起"（想想这样做有什么好处？）。链接程序的主要工作就是将有关的目标文件彼此相连接，即将在一个文件中引用的符号同该符号在另外一个文件中的定义连接起来，使得所有的这些目标文件成为一个能够被操作系统装入执行的统一整体。

在 C/C++中，这些独立的编译单元包括 obj 文件（一般的源程序编译而成）、lib 文件（静态链接的函数库）、dll 文件（动态链接的函数库）等。

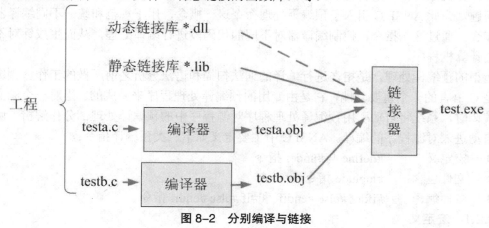

图 8-2　分别编译与链接

根据开发人员指定的同库函数的链接方式的不同，链接处理可分为两种。

（1）静态链接。

在这种链接方式下，函数的代码将从其所在的静态链接库中被拷贝到最终的可执行程序中。这样该程序在被执行时这些代码将被装入该进程的虚拟地址空间中。静态链接库实际上是一个目标文件的集合，其中每个文件都含有库中的一个或者一组相关函数的代码。

（2）动态链接。

在此种方式下，函数的代码被放入称为动态链接库或共享对象的某个目标文件中。链接程序此时所做的只是在最终的可执行程序中记录下共享对象的名字以及其他少量的登记信息。在此可执行文件被执行时，动态链接库的全部内容将被映射到运行时相应进程的虚地址空间。动态链接程序将根据可执行程序中记录的信息找到相应的函数代码。

对于可执行文件中的函数调用，可分别采用动态链接或静态链接的方法。使用动态链接能够使最终的可执行文件比较短小，并且当共享对象被多个进程使用时能节约一些内存，因为在内存中只需要保存一份此共享对象的代码。但并不是使用动态链接就一定比使用静态链接要优越。在某些情况下动态链接可能带来一些性能上的损害。

## 8.2　预编译处理

前文中，我们已经在很多代码中使用过以"#"号开头的预处理命令。在源程序中这些命令都放在函数之外，而且一般都放在源文件的前面，它们被称为预编译处理部分。C 语言提供了多种预编译处理功能，例如宏定义、文件包含、条件编译等。合理地使用预编译处理有很多好处，例如可以使编写的程序更加便于阅读，便于修改、移植和调试，也有利于模块化程序设计。

软件的可移植和可重用问题是软件工程中的一个非常重要的问题。例如，需要将在 PC 机平台上开发的程序移植到大型机上运行，同一套代码不加修改或经过少量的修改即可适应多种计算机系统。C 语言是软件工程中广泛使用的一门程序设计语言，可以很好地解决此类问题。为此 ANSI C 引入了预编译处理命令这一概念，用于规范和统一不同编译器的指令集合。通过这些指令，控制编译器对不同的代码段进行编译处理，从而生成针对不同条件的计算机程序。

所谓的预编译处理，是指在进行编译的词法扫描和语法分析之前所做的工作。预编译处理是 C 语言的一个重要功能，它是由专用的预编译处理程序来完成的。当对一个源文件进行编译时，系统将自动引用预编译处理程序对源程序中的预编译处理部分作解析，解析完毕自动进入对源程序的编译。ANSI C 中主要定义如下三类预编译指令：

● 　宏定义　　　　　#define 与#undef 指令
● 　文件包含　　　　#include 指令
● 　条件编译　　　　#ifdef #else #endif 和#if #else #endif 指令

### 8.2.1　宏定义

一般较大的项目都会用大量的宏定义来组织代码，这样整个工程看起来会更加清晰。看起来宏展开只是做替换而已，但是不小心使用也会出现很多问题。宏定义采用#define 来定义一个常量或一个函数，主要分为两种，一种是无参数的，另一种是带参数的。

**1. 无参数宏定义**

在符号常量定义语句中，字符串可以是一个数值型数据、表达式或字符串。例如：

```
#define   PI   3.1415926
#define   S   (PI*r*r)
#define   PRT   printf
```

这里有一个比较容易犯的错误，如果字符串是一个运算表达式，那么一般应该用括号括住它，以便把它视为一个操作对象与其他操作数进行运算，否则会由于操作优先级问题而发生错误。例如下面的宏定义：

```
#define   A   20-(3*4)
text = A*8 ;
```

进行编译预处理后，该表达式变为：

```
text = 20-(3*4)*8 ;
```

计算出来的结果 text 为-76，而实际上我们想得到的值是 64，这就不符合原意了。因此，在宏定义语句中的字符串为一般表达式(而不是一个操作数)时，为了保证正确的运算次序，应该用括号括住它。因此原来的宏定义应该写成：

```
#define   A   (20-(3*4))
```

在程序设计中，使用无参数的宏主要有下面两点好处：

1) 增强程序的可读性。

以符号常量为例，由于符号常量含义明确，采用符号常量书写的程序要比不采用符号常量的可读性强。例如：

```
#define   LENGTH   20
#define   WIDTH   40
#define   HEIGTH   60
```

在程序中用 LENGTH、WIDTH、HEIGTH 时，可以明显表示它们分别代表长、宽、高，而如果直接用 20、40、60，则很难猜出它们是长、宽、高。

2) 增强程序的可维护性。

如果一个常量在程序中多次被引用，则可把它定义为符号常量。这样，在以后需改动该常量时，只需改动它的宏定义语句即可，而不必对每一个引用它的地方进行修改。这不但可以减少修改的工作量，而且可以避免漏改。

使用无参数宏定义符号常量时，一般应注意以下几点规则和建议：

1) 宏定义是用宏名来表示一个字符串，在宏展开时又以该字符串取代宏名，这只是一种简单的代换，字符串中可以包含任何字符，可以是常数，也可以是表达式，预处理程序对它不作任何检查。如有错误，则只能在编译已被宏展开后的源程序时发现。

2) 符号常量名一般用大写字母(也可以用小写字母)表示，以便与其他标识符相区别。符号常量名的命名规则与一般标识符相同。另外，应考虑在字符串中根据需要加上括号。

3) 宏定义不是说明或语句，因此，不能用分号结尾。如果加上分号，则分号被作为字符串的一部分，连分号也一起置换。例如：

```
#define   A   60 ;
S = A+8;
```

上述格式表示 A 被定义为"60 ;"，而不是"60"。于是，在预编译时，程序中凡是出现 A

的地方，都用"60 ;"替换。这就不符合原意了。

　　4) 替换字符串可以为空。

```
#define   OPT
```

　　5) 宏定义语句应放在函数定义之外，符号常量的有效范围是从定义它的宏定义语句开始至所在源文件的结尾。一般宏定义语句都放在源文件的开头，以便使它对整个源文件都有效。

　　6) 为了灵活控制宏定义的作用范围，可用"#undef"命令终止宏定义的作用域。

```
#define  PI  3.14159
main( )
{

}
# undef  PI              /*  PI 的宏定义结束  */
f1( )
{

}
```

　　表示 PI 只在 main 函数中有效，在 f1 中无效。

　　7) 宏定义允许嵌套，在宏定义的字符串中可以使用已经定义的宏名。在宏展开时由预处理程序层层代换。例如：

```
#define   PI   3.14
#define   R   10
#define   S   PI*R*R
main( )
{
        printf("S=%f", S);
}
```

　　预编译后，该程序变为：

```
main( )
{
        printf("S=%f", 3.14*10*10);
}
```

　　8) 宏名在源程序中若用引号括起来，则预处理程序不对其进行宏代换。

```
#define   NO   220
main( )
{
  printf("NO");
  printf("\n");
}
```

上例中定义宏名 NO 表示 220，但在 printf 语句中 NO 被引号括起来，因此不进行宏代换。程序的运行结果为：

```
NO
```

表示把"NO"当作字符串处理。

9)用 define 宏定义类型。

除了用#define 来定义常量之外，有时还会用它来定义数据类型，格式为：#define 类型名 1　类型名 2，如：

```
#define Int8 char
#define Int16 short
#define Uint8 unsigned char

Uint8 c;
Int8 c1;
Int16 s;
```

### 2. 带参数（函数式）宏定义

上文中我们提到的#define N 20 或#define STR "hello, world"这种宏定义可以称为变量式宏定义，宏定义名可以像变量一样在代码中使用。另外一种宏定义可以像函数调用一样在代码中使用，称为函数式宏定义或带参数的宏定义。带参数的宏的一般定义格式为：

　　　　#define　宏名(参数表)　字符串

　　　　字符串中包含参数表中的参数。

　　　　调用带参数宏的一般格式为：

　　　　宏名(实参表);

例如：

```
#define MIN(a,b) (((a)<(b))? (a) : (b))
```

其中，MIN(a,b)是带参数的宏，a 和 b 是形式参数。该定义把 MIN(a,b)定义为"(((a)<(b))?(a):(b))"。在定义了该宏后，就可在程序中用 MIN(a,b)替代定义它的运算表达式"(((a)<(b))?(a):(b))"。宏的使用方法类似函数。例如，在需要求两个数的最小值时，就可以使用已定义的宏。

```
c= MIN(10,20) ;
```

在进行编译时，预编译程序根据宏定义式来替换程序中出现的带参数的宏，其中定义式中的形式参数用相应的实际参数替换。于是，上面的赋值语句变为：

```
c= (((10)<(20)) ? (10): (20)) ;
```

在程序设计中，经常要把反复使用的运算表达式定义为带参数的宏。例如：

```
#define   PER(a,b)   (100.0*(a)/(b))           /*   求 a 是 b 的百分之几   */
#define   ABS(x)    ((x)>=0)? (x): -(x)         /*   求 x 的绝对值   */
#define   MAX(a,b)   (((a)>(b))? (a):(b))        /*   求两个数中的较大数   */
#define   ISO(x)    (((x)%2= =1)? 1:0)          /*   判断是否为奇数   */
```

在程序设计中，使用带参数的宏主要有下面两点好处：

(1) 使程序更加简洁，减少不必要的重复书写。

(2) 增强程序的可读性，一般用一个含义明确的宏名代替一个较复杂的运算式，使读者一目了然。

使用带参数宏定义时，一般应注意以下几点规则和建议：

(1) 对宏定义语句中的定义式和形式参数，要根据需要加上圆括号，以免发生运算错误。例如：

```
#define   X(a)   (a*a*a)


a1=1 ;
a2=2 ;
x=X(a1+a2) ;
```

如果定义式中不使用相应的括号，则预编译后的赋值语句变为：

```
x=a1+a2 * a1+a2 * a1+a2 ;
```

这样就与原来的意思不相符了。所以在定义带参数的宏时，一定要注意加上相应的括号。

```
#define   X(a)   ((a)*(a)*(a))
```

经过预编译后，该赋值语句变为：

```
x=((a1+a2) * (a1+a2) * (a1+a2)) ;
```

(2) 在定义带参数的宏时，在宏名和带参数的圆括号间不能有空格，否则空格之后的字符串都将被视为替代字符串。例如：若把

```
#define   MAX(a,b)   (a>b)?a:b
```

改写为：

```
#define   MAX (a,b)   (a>b)?a:b
```

将被认为是无参宏定义，宏名 MAX 代表字符串"(a,b) (a>b)?a:b"。宏展开时，宏调用语句：

```
max=MAX(x,y);
```

将变为 max=(a,b)(a>b)?a:b(x,y); 这显然是错误的。

(3) 用 do-while 语句来包含多语句可以防止错误，如：

```
#define FUN(a,b) ((a)+(b)); (a)++
```

应用时如果前面有判断语句 if 就会有错误：

```
if(flag)
      FUN(a,b);
else
      ….
```

编译时会有错误，所以这种多语句情况应写成：

```
#define FUN(a,b) do{((a)+(b)); (a)++;}while(0)
```

从具体的应用中，带参数的宏和函数在使用形式和特性上都很相似。但是，二者又有本质区别，主要表现在以下几个方面：

(1) 函数调用时，要保留现场和返回点，而后把控制转移给被调用函数。当被调用函数执行结束后，又要恢复现场和把控制返回到调用函数。而对带参数宏的使用不存在控制

的来回转移，它只是表达式的运算。

(2) 函数有一定的数据类型，且数据类型是不变的。而带参数的宏一般是一个运算表达式，它没有固定的数据类型，其数据类型就是表达式运算结果的数据类型。同一个带参数的宏，随着使用实参类型的不同，其运算结果的类型也不同。函数定义和调用中使用的形参和实参都受数据类型的限制，而带参数宏的形参和实参可以是任意的数据类型。

```
int maxi(int a, int b);
float maxf(float a, float b);
#define max(a, b) ……
```

(3) 函数调用中存在参数的传递过程，而带参数宏的引用不存在参数传递过程。在函数中，形参和实参是两个不同的量，各有自己的作用域，调用时要把实参值赋予形参，进行"值传递"。而在带参宏中，只是符号代换，不存在值传递的问题。在宏定义中的形参是标识符，而宏调用中的实参可以是表达式。

(4) 使用函数可缩短程序占用的内存空间，但由于控制的来回转移，会使程序的执行效率降低。而带参数的宏则相反，多次使用宏会增加程序占用的存储空间，但其执行效率要比函数高。

除了使用运算表达式来定义带参数的宏外，还可使用函数来定义，标准函数库中经常采用这种方式。例如：

```
#define   getchar( )   fgetc(stdin)
#define   putchar(ch)   fputc(ch , stdout)
```

(5) 宏定义也可用来定义多个语句，在宏调用时，把这些语句又代换到源程序内。例如：

```
#define SSSV(s1,s2,s3,v)   s1=l*w;s2=l*h;s3=w*h;v=w*l*h;
main( )
{
    int l=3,w=4,h=5,sa,sb,sc,vv;
    SSSV(sa,sb,sc,vv);
    printf("sa=%d\nsb=%d\nsc=%d\nvv=%d\n",sa,sb,sc,vv);
}
```

程序第 1 行为宏定义，宏名 SSSV 表示 4 个赋值语句，4 个形参分别为 4 个赋值符左部的变量。在宏调用时，把 4 个语句展开并用实参代替形参，将计算结果送入实参之中。

尽管函数式宏定义和真正的函数相比有很多缺点，但只要小心使用还是会显著提高代码的执行效率，省去了分配和释放栈帧、传参、传返回值等一系列工作，因此那些简短并且被频繁调用的函数经常用函数式宏定义来代替实现。例如，C 标准库的很多函数都提供两种实现，一种是真正的函数实现，一种是宏定义实现。

为了综合函数和带参数宏定义的优点，C99 引入一个新关键字 inline，用于定义内联函数（inline function）。例如：

```
static inline int add(int a, int b)
{
    return (a+b);
}
```

inline 关键字告诉编译器，函数的调用要尽可能快，可以当作普通的函数调用实现，也可以用宏展开的办法实现。

### 8.2.2  文件包含

我们经常在编写程序中，会写如下语句：

```
#include    <stdio.h>
```

其含义是在编译时，用 stdio.h 头文件的内容替换该语句。

文件包含语句的一般格式为

#include  "文件名"    或      #include  <文件名>

其中，<文件名>是被包含文件的文件名，它是一个磁盘文件。该预编译语句的功能是要将<文件名>所指文件的全部内容包含在该#include 语句所在的源文件中。也就是说，在预编译时，用<文件名>所指文件的全部内容替换该#include 语句行，使该文件成为这个源文件的一部分。

在#include 语句的书写格式中，被包含文件的文件名可用尖括号(< >)括住，也可以用双引号(" ")括住。当用尖括号括住时，表示编译系统按系统设定的标准目录搜索文件；当用双引号括住时，表示按指定的路径搜索。若未指定路径名时，则在当前目录中搜索。

文件包含语句是很有用的语句，特别是对于包括多个源文件的大程序来说，可以把各个源文件中共同使用的函数说明、符号常量定义、外部量说明、宏定义和结构类型定义等写成一个独立的包含文件，在需要这些说明的源文件中，只需在源文件的开头用一个#include 语句把该文件包括进来，就可以避免重复工作。例如：

```
/* file1.c */
#include    "file2.h"
main( )
{

}
/*file2.h*/
#define PI 3.14159
```

做成包含文件的另一个好处是，当这些常量、宏定义等需要修改时，只需修改这个被包含的文件即可，而不必修改各源文件。

使用#include 语句时，应注意以下两点：

(1) 一个 include 命令只能指定一个被包含文件，若有多个文件要包含，则需用多个include 命令。

(2) 文件包含允许嵌套，即在一个被包含的文件中又可以包含另一个文件。

### 8.2.3  条件编译

一般情况下，源程序中所有的行都参加编译，但有时在写程序时要求根据具体情况编译不同的程序代码，C 语言中提供了条件编译，可以按不同的条件去编译不同的程序部分，因而产生不同的目标代码文件。这对于程序的移植和调试是很有用的。条件编译有 3 种形式。

**1. #ifdef …#else …#endif 语句**

用# ifdef …# else …# endif 语句进行条件编译的指令格式为：

```
#ifdef  标识符
    程序段 1
#else
    程序段 2
#endif
```

其作用是：如果标识符已被定义(用#define 定义)，则对程序段 1 进行编译，而程序段 2 被删除；否则，程序段 1 被删除，编译程序段 2。

其中，#else 部分是可以缺省的，即

```
#ifdef  标识符
    程序段 1
#endif
```

条件编译语句中的#ifdef 和#endif 决定了编译范围，在此范围外的源程序不存在条件编译问题。条件编译对于提高程序的移植性很有帮助。

下例说明了如何使用条件编译#ifdef：

```
#include   "stdio.h"
#define    TED 10
main ( )
{
  #ifdef   TED
  printf("Hi Ted\n");
/*  如果定义了 TED，则编译此行代码  */
  #else
  printf("Hi anyone\n");
/*  如果没用定义 TED，则编译此行代码  */
  #endif
#ifndef   RALPH
  printf ("RALPH not defined\n");
    /*  如果定义了 RALPH，则编译此行代码  */
  #endif
}
```

上述代码打印"Hi Ted"及"RALPH not defined"。如果 TED 没有定义，则显示"Hi anyone"，后面是"RALPH not defined"。

**2. #ifndef …#else …#endif 语句**

由#ifndef …#else …#endif 语句进行条件编译的指令格式为：

```
#ifndef   标识符
    程序段 1
#else
    程序段 2
#endif
```

与第一种形式的区别是将"ifdef"改为"ifndef"。它的功能是：如果标识符未被#define 命令定义，则对程序段 1 进行编译，否则对程序段 2 进行编译。这与第一种形式的功能正相反。

```
#ifndef   UNPRN
  printf("Name= %s   sa= %f", name , s) ;
#else
  printf("%s %f" , name , s) ;
#endif
```

当 UNPRN 在程序段之前未定义时，则只编译"printf("Name= %s sa= %f", name , s) ;"。如果在该程序段之前加一行：

```
#define UNPRN 1
```

则只编译"printf("%s %f" , name , s) ;"。其中，UNPRN 可定义为任何字符串。

C 标准库中几乎所有头文件都会用到 Header Guard 的用法，想想这样做的原理是什么？
```
#ifndef HEADER_FILENAME
#define HEADER_FILENAME
/* body of header */
#endif
```

### 3. #if …#else …#endif 语句

由#if …# else …# endif 语句进行条件编译的指令格式为：

```
#if   表达式
    程序段 1
#else
    程序段 2
#endif
```

其作用是：当表达式的值为非 0 时，编译程序段 1，不编译程序段 2；否则编译程序段 2(其中#else 部分是可以缺省的)。例如，在程序设计的测试阶段，经常要显示一些变量的信息，以检查是否正确，而在正式执行时，却不需要显示这些信息。这时，就可以用下面形式的条件编译。

```
#define   DEBUG   1
#if   DEBUG
  printf("a=%d   b=%f   c=%s" , a , b , c) ;
#endif
```

上述形式的条件编译适用测试阶段，如果程序测试完成，在编译正式的执行代码时，只需把 DEBUG 定义为 0 即可。在进行条件编译时，可根据情况选择条件编译语句。

下例说明了如何使用条件编译#if：

```
#include   "stdio.h"
#define   R   1
```

```
main( )
{
    float c,r,s;
    printf ("input a number: ");
    scanf("%f",&c);
    #if   R
        r=3.14159*c*c;
        /*  如果 R 非 0，则编译此行和下一行代码  */
        printf("area of round is: %f\n",r);
    #else
        s=c*c;
        /*  如果 R 为 0，则编译此行和下一行代码  */
        printf("area of square is: %f\n",s);
    #endif
}
```

　　本例中采用了第 3 种形式的条件编译。在程序第 2 行宏定义中，定义 R 为 1，因此在条件编译时，常量表达式的值为真，故计算并输出圆面积。

　　前文介绍的条件编译当然也可以用条件语句来实现。但是用条件语句将会对整个源程序进行编译，生成的目标代码程序很长；而采用条件编译，则根据条件只编译其中的程序段 1 或程序段 2，生成的目标程序较短。如果条件选择的程序段很长，采用条件编译的方法是十分必要的。

　　条件预处理指示也常用于源代码的配置管理，例如：

```
#if MACHINE == 68000
    int x;
#elif MACHINE == 8086
    long x;
#else       /* all others */
    #error UNKNOWN TARGET MACHINE
#endif
```

　　假设这段程序是为多种平台编写的，在 68000 平台上需要定义 x 为 int 型，在 8086 平台上需要定义 x 为 long 型，对其他平台暂不提供支持，就可以用条件预处理指示来写。如果在预处理这段代码之前，MACHINE 被定义为 68000，则包含 int x;这段代码；否则如果MACHINE 被定义为 8086，则包含 long x;这段代码；否则（MACHINE 没有定义，或者定义为其他值）包含#error UNKNOWN TARGET MACHINE 这段代码，编译器遇到这个预处理指示就报错退出，错误信息就是 UNKNOWN TARGET MACHINE。

　　如果要为 8086 平台编译这段代码，有几种可选的办法：

　　（1）手动编辑代码，在前面添一行#define MACHINE 8086。这样做的缺点是难以管理，如果这个项目中有很多源文件都需要定义 MACHINE，每次要为 8086 平台编译就得把这些定义全部改成 8086，每次要为 68000 平台编译就得把这些定义全部改成 68000。

　　（2）在所有需要配置的源文件开头包含一个头文件，在头文件中定义#define MACHINE

8086，这样只需要改一个头文件就可以影响所有包含它的源文件。

前面出现了#error 预处理指令，它的作用是，编译程序时，只要遇到#error 就会生成一个编译错误提示消息，并停止编译。其语法格式为：

```
#error error-message
```

注意，宏串 error-message 不用双引号包围。遇到#error 指令时，错误信息被显示，可能同时显示编译程序作者预先定义的其他内容。

### 8.2.4　Debug 版本与 Release 版本

在我们之前编译的过程中，我们编译出来的程序都是 Debug 版本，通常称为调试版本。该版本包含调试信息，并且不作任何优化，便于调试程序。另外还有一种 Release 版本，也称作发布版本，其往往进行了各种优化，使程序在代码大小和运行速度上都是最优的，以便用户使用。

在 VS2010 环境下，我们可以直接通过工具栏上的解决方案配置选项进行设置：

**图 8-3　解决方案配置**

通常，我们默认的编译版本都是 Debug 版本，我们只要点击上面的 Release，就可以选择编译 Release 版本了。

其实，Debug 版本和 Release 版本并没有本质的界限，他们只是一组编译选项的集合，编译器只是按照预定的选项行动。事实上，我们甚至可以修改这些选项，从而得到优化过的调试版本或是带跟踪语句的发布版本。

Debug 版本和 Release 版本在编译选项上常见的区别有以下几个方面：

### 1.　宏定义

Debug 版本的编译选项中会出现/D "_DEBUG"，相当于#define _DEBUG，打开编译调试代码开关；Release 版本的编译选项中会出现/D "NDEBUG"，相当于#define NDEBUG，关闭条件编译调试代码开关。

当定义了_DEBUG 时，assert()函数会被编译，而定义了 NDEBUG 时 assert()函数不被编译。除此之外，VC++中还有一系列断言宏。其中包括：

　　　　ANSI C 断言　void assert(int expression );

　　　　C Runtime Lib 断言　_ASSERT( booleanExpression );

　　　　_ASSERTE( booleanExpression );

　　　　MFC 断言　ASSERT( booleanExpression );

　　　　VERIFY( booleanExpression );

　　　　ASSERT_VALID( pObject );

　　　　ASSERT_KINDOF( classname, pobject );

　　　　ATL 断言　ATLASSERT( booleanExpression );

　　　　此外，TRACE() 宏的编译也受 _DEBUG 控制。

所有这些断言都只在 Debug 版中才被编译，而在 Release 版中被忽略。唯一的例外是 VERIFY() 。事实上，这些宏都是调用了 assert()函数，只不过附加了一些与库有关的调试代码。如果你在这些宏中加入了任何程序代码，而不只是布尔表达式（例如赋值、能改变变量值的函数调用等），那么 Release 版本不会执行这些操作，从而造成错误。初学者很容易犯这类错误，查找的方法也很简单，因为这些宏都已在上面列出，只要利用 VC++的 Find in Files 功能在工程所有文件中找到用这些宏的地方再一一检查即可。

在小明的世界的程序中我们也可以加入一些用于测试的代码，写在#ifdef _DEBUG 和 #endif 之间，这样在 Debug 版本下里面的代码会运行，在 Release 版本下就不会运行了。

顺便值得一提的是 VERIFY()宏，其允许你将程序代码放在布尔表达式里。这个宏通常用来检查 Windows API 的返回值。有些人可能为这个原因而滥用 VERIFY()，事实上这是危险的，因为 VERIFY()违反了断言的思想，不能使程序代码和调试代码完全分离，最终可能会带来很多麻烦。因此，我们建议尽量少用这个宏。

**2. 链接库**

Debug 版本的编译选项中有/MDd /MLd 或/MTd，表示使用 Debug runtime library（调试版本的运行库函数）；Release 版本的编译选项中对应的有/MD /ML 或/MT，表示使用发布版本的运行库函数。链接哪种运行时刻函数库通常只对程序的性能产生影响。调试版本的 Runtime Library 包含了调试信息，并采用了一些保护机制以帮助发现错误，因此性能不如发布版本。

**3. 优化和内存设置选项**

Debug 版本的编译选项中有/Od，表示关闭优化开关；Release 版本的编译选项中对应的有/O1 或/O2，表示优化程度，使程序占用内存最小或运行最快。

Debug 版本的编译选项中有/GZ 选项，主要用来帮助捕获内存错误。该选项可进行如下操作：

1) 初始化内存和变量。包括用 0xCC 初始化所有自动变量，0xCD(Cleared Data)初始化堆中分配的内存（即动态分配的内存，例如 malloc），0xDD(Dead Data)填充已被释放的堆内存（例如 free），0xFD(deFencde Data)初始化受保护的内存（Debug 版在动态分配内存的前后加入保护内存以防止越界访问），其中括号中的词是微软建议的助记词。这样做的好处是这些值都很大，不可能作为指针（而且 32 位系统中指针很少是奇数值，在有些系统中奇数的指针会产生运行时错误），作为数值也很少遇到，而且这些值也很容易辨认，因此有利于在 Debug 版中发现 Release 版本才会遇到的错误。要特别注意的是，很多人认为编译器会用 0 来初始化变量，这是错误的（而且这样很不利于查找错误）。

2) 通过函数指针调用函数时，会检查栈指针验证函数调用的匹配性（防止原形不匹配）。

3) 函数返回前检查栈指针，确认未被修改（防止越界访问和原形不匹配，与第二项合在一起可大致模拟帧指针省略 FPO）。

通常 /GZ 选项会造成 Debug 版本出错而 Release 版本正常的现象，因为 Release 版本中未初始化的变量是随机的，这有可能使指针指向一个有效地址而掩盖了非法访问。

# 8.3　C 标准库

了解了编译和链接的过程后，我们知道了几乎所有 C 程序在最终形成可执行程序前都会同一些库进行动态或静态的链接。在链接过程中经常使用的库就是 C 标准库。C 标准库是 ANSI C 语言标准的一个重要组成部分。在 ANSI C 标准形成之前，不同的 C 语言编译系统都提供了一些库，其中包含许多常用功能函数，以及相关的类型与变量定义。随着发展，不同 C 语言编译系统所提供的库之间的差异也逐渐显露出来。为了提高 C 程序在不同系统之间的可移植性，ANSI C 标准将库的标准化作为一项重要工作，最终形成了 C 标准库。这样如果我们写的程序中只使用了标准库，那么这个程序就能够很容易地移植到另一个 C 语言编译系统上，甚至移植到另一种计算机上使用。所以，我们在开发 C 程序时，首先应当尽可能使用 C 语言本身的功能和标准库。如果迫不得已必须使用一些非标准的特殊库的功能，就应该尽量将依赖于特殊功能的程序片段封装到一些小局部中。这种做法能保证最终程序具有较好的可移植性，在将程序转到其他系统时，需要做的工作比较少。

一个 C 语言系统里的标准库通常包含了一组标准头文件和一个或几个库函数代码文件。

库函数代码文件主要是各个标准函数的实际机器指令代码段，其中包含了所有库函数的定义。还有一些相关数据结构（一些实现标准库所需的变量等），可能还附带一些为连接程序使用的信息。当然，库文件都是二进制代码文件，其具体内容和形式都不是我们需要关心的。在进行程序链接时，通常采用动态链接的方式，即链接程序并不把库代码文件整个装配到可执行文件里，而是根据实际程序的需要，从库代码文件里提取出有关函数的代码和其他相关片段，把它们拼接到结果程序里，这样就保证了用户程序的紧凑性，避免程序中出现大量无用冗余代码段的情况。

标准头文件在 ANSI C 语言定义里有明确规定。这是一组正文文件，它们的作用就是为使用标准库函数的源程序提供信息。在这些头文件里列出了各个库函数的原型，定义了库函数所使用的有关类型（如表示流的 FILE 结构类型等）和一些符号常量（如 EOF、NULL）。在编写 C 语言程序时，我们只需用#include 预处理命令包含这些头文件，使编译程序在处理我们的程序时能得到所有必要的信息，这样就可以保证程序里能够正确使用标准库功能了。比如我们经常用到的#include <stdio.h>，包含了 stdio.h 后，我们就可以正确使用这个标准头文件里的 printf 函数了。

标准头文件通常存放在 C 语言编译系统的主目录下的一个子目录里。C89 标准头文件包括以下几个：<asset.h>、<ctype.h>、<errno.h>、<float.h> 、<limits.h>、<locale.h>、<math.h>、<setjmp.h>、<signal.h>、<stdarg.h>、<stddef.h>、<stdlib.h>、<stdio.h>、<string.h>和<time.h>。

95 年的修正版中增加了三个<iso646.h>、<wchar.h>和<wctype.h>。

C99 中又增加了六个函数库<complex.h>、<fenv.h>、<inttypes.h>、<stdbool.h>、<stdint.h>和<tgmath.h>。

其实我们之前一直在使用标准库函数里的函数，如 printf，scanf，fopen，fputc，fclose等。这里，我们使用随机函数学习一下库函数的使用方式。

我们可以在 VS2010 环境下打开 8_1.vcxproj 工程文件。该工程文件的 Cdemo.cpp 中，我们修改了其中的 move() 函数：

```
/*  自定义动作  */
void move()
{
    int dir;

    srand((unsigned int)time(NULL));

    while(1){
        dir = rand()%4;
        switch(dir)
        {
            case DIR_RIGHT:
                StepRight();
                break;
            case DIR_LEFT:
                StepLeft();
                break;
            case DIR_UP:
                StepUp();
                break;
            case DIR_DOWN:
                StepDown();
                break;
            default:
                break;
        }
    }
    return ;
}
```

可以看到，在 move 函数中，我们首先采用 srand 函数来初始化随机函数发生器，然后再调用 rand 函数来生成一个随机数。每次产生随机数前都需要提供一个种子，这个种子会对应一个随机数，如果使用相同的种子，那么后面的 rand() 函数会出现一样的随机数。为了防止随机数每次重复常常使用系统时间来初始化，即使用标准库中的时间函数 time 来获得系统时间，它的返回值为从 00:00:00 GMT, January 1, 1970 到现在所持续的秒数，然后将 time_t 型数据转化为 unsigned int 类型再传给 srand 函数，即 srand((unsigned int)time(NULL));这样，每次调用 move 函数时，种子都是不同的，每次产生的随机数也会不同。

得到随机数后，我们让小明从上下左右四个方向中随机选择一个方向行走，因此我们对这个随机数对 4 取余，得到的余数作为随机的方向。运行这个程序，按 m 键后我们会发现小明是随机向四个方向走的。

### 8.4 EasyX 图形扩展库

目前各种 C 语言编译系统都提供了标准库的所有功能，并按照标准库的规范，提供了一组标准头文件。此外，大多数 C 语言编译系统还根据自己的需要和运行环境情况，提供了许多扩充的库功能。典型的例子如图形库、直接利用操作系统，甚至计算机硬件功能的库等。一些特殊的 C 语言编译系统还提供了其他的库。此外，还有一些第三方软件供应商和公开软件开发者发布了许多通用和专用的 C 语言支持库，可以用于特定的系统或者特定的应用领域。如果我们需要开发某些系统，尽可能利用已有的经过长期考验的库是一种很好的选择。

曾经很流行的 TC 编译系统提供了图形库，实现一些简单的画图功能，如画圆、画直线等。但我们目前使用的 Visual Studio2010 编译环境本身并不包含这样的图形库，所以我们只好找一些第三方的图形扩展库来实现一些简单的画图功能。本书采用的第三方扩展库是 EasyX 库，我们可以从网站 http://www.easyx.cn 进行下载，然后按照说明进行安装。这一部分在第一章中已经介绍过了，并且向大家展示了一个简单的画圆的例子。实际上，我们在编译小明的世界这个程序的时候一直都在使用这个函数库。现在我们来具体看一下 EasyX 库提供的其他函数和功能。

### 1. 绘图环境相关函数

表 8–6  绘图环境相关函数

| 函数或数据 | 描述 |
| --- | --- |
| cleardevice | 清除屏幕 |
| clearviewport | 清空视图 |
| closegraph | 关闭图形环境 |
| getaspectratio | 获取当前缩放因子 |
| getviewport | 获取当前视图信息 |
| graphdefaults | 恢复绘图环境为默认值 |
| initgraph | 初始化绘图环境 |
| setaspectratio | 设置当前缩放因子 |
| setviewport | 设置当前视图 |

1) initgraph 函数用于初始化绘图环境。

```
HWND initgraph( int Width, int Height, int Flag = NULL );
```

参数：

Width  绘图环境的宽度。

Height  绘图环境的高度。

Style  绘图环境的样式，默认为 NULL。

返回值：

创建的绘图窗口的句柄。

2) closegraph 函数用于关闭图形环境。

```
void closegraph();
```

### 2. 颜色表示及相关函数

表 8-7　颜色相关函数

| 函数或数据 | 描述 |
|---|---|
| getbkcolor | 获取当前绘图背景色 |
| getcolor | 获取当前绘图前景色 |
| setbkcolor | 设置当前绘图背景色 |
| setbkmode | 设置输出文字时的背景模式 |
| setcolor | 设置当前绘图前景色 |

1) 颜色表示。

EasyX 库使用 24bit 真彩色。表示颜色有以下几种方法。

① 用预定义颜色常量。

表 8-8　预定义颜色常量

| 常量 | 值 | 颜色 | 常量 | 值 | 颜色 |
|---|---|---|---|---|---|
| BLACK | 0 | 黑 | DARKGRAY | 0x545454 | 深灰 |
| BLUE | 0xA80000 | 蓝 | LIGHTBLUE | 0xFC5454 | 亮蓝 |
| GREEN | 0x00A800 | 绿 | LIGHTGREEN | 0x54FC54 | 亮绿 |
| CYAN | 0xA8A800 | 青 | LIGHTCYAN | 0xFCFC54 | 亮青 |
| RED | 0x0000A8 | 红 | LIGHTRED | 0x5454FC | 亮红 |
| MAGENTA | 0xA800A8 | 紫 | LIGHTMAGENTA | 0xFC54FC | 亮紫 |
| BROWN | 0x0054A8 | 棕 | YELLOW | 0x54FCFC | 黄 |
| LIGHTGRAY | 0xA8A8A8 | 浅灰 | WHITE | 0xFCFCFC | 白 |

② 用 16 进制的颜色表示。

0xbbggrr (bb=蓝，gg=绿，rr=红)

③ 用 RGB 宏合成颜色。

④ 用 HSLtoRGB、HSVtoRGB 转换其他色彩模型到 RGB 颜色。

2) 颜色设置。

① setcolor 函数用于设置当前绘图前景色。

```
void setcolor(COLORREF color);
```

参数：

color 要设置的前景颜色。

② setbkcolor 函数用于设置当前绘图背景色。

```
void setbkcolor(COLORREF color);
```

参数：

color 指定要设置的背景颜色。

### 3. 绘制图形相关函数

表 8-9   绘制图形相关函数

| 函数或数据 | 描述 |
| --- | --- |
| arc | 画圆弧 |
| bar | 画无边框填充矩形 |
| bar3d | 画有边框三维填充矩形 |
| circle | 画圆 |
| drawpoly | 画多边形 |
| ellipse | 画椭圆弧线 |
| fillellipse | 画填充的椭圆 |
| fillpoly | 画填充的多边形 |
| floodfill | 填充区域 |
| getarccoords | 获取圆弧坐标信息 |
| getfillstyle | 获取当前填充类型 |
| getlinestyle | 获取当前线形 |
| getwidth | 获取最大 x 坐标 |
| getheight | 获取最大 y 坐标 |
| getpixel | 获取点的颜色 |
| getx | 获取当前 x 坐标 |
| gety | 获取当前 y 坐标 |
| line | 画线 |
| linerel | 画线 |
| lineto | 画线 |
| moverel | 移动当前点 |
| moveto | 移动当前点 |
| pieslice | 画填充圆扇形 |
| putpixel | 画点 |
| rectangle | 画空心矩形 |
| sector | 画填充椭圆扇形 |
| setfillstyle | 设置当前填充类型 |
| setlinestyle | 设置当前线形 |
| setwritemode | 设置绘图位操作模式 |

1) 坐标。

在 EasyX 中，坐标分为两种：逻辑坐标和物理坐标。

逻辑坐标是在程序中用于绘图的坐标体系。坐标默认的原点在屏幕的左上角，X 轴向右为正，Y 轴向下为正，度量单位是象素。坐标原点可以通过 setorigin() 函数修改；坐标轴方向可以通过 setaspectratio() 函数修改；缩放比例可以通过 setaspectratio() 函数修改。

在本节中，凡是没有注明的坐标，均指逻辑坐标。

物理坐标是描述设备的坐标体系。坐标原点在屏幕的左上角，X 轴向右为正，Y 轴向下为正，度量单位是象素。坐标原点、坐标轴方向、缩放比例都不能改变。

2）画基本图形。

① circle 函数用于画圆。

void circle( int x, int y, int radius );

参数：

x 圆的圆心 x 坐标。

y 圆的圆心 y 坐标。

radius 圆的半径。

② line 函数用于画线。

void line( int x1, int y1, int x2, int y2 );

参数：

x1 线的起始点的 x 坐标。

y1 线的起始点的 y 坐标。

x2 线的终止点的 x 坐标。

y2 线的终止点的 y 坐标。

③ putpixel 函数用于画点。

void putpixel(int x, int y, COLORREF color);

参数：

x 点的 x 坐标。

y 点的 y 坐标。

color 点的颜色。

④ rectangle 函数用于画空心矩形。

void rectangle( int left, int top, int right, int bottom );

参数：

left 矩形左部 x 坐标。

top 矩形上部 y 坐标。

right 矩形右部 x 坐标。

bottom 矩形下部 y 坐标。

**4. 文字输出相关函数**

表 8–10　文字输出相关函数

| 函数或数据 | 描述 |
| --- | --- |
| getfont | 获取当前字体样式 |
| LOGFONT 结构体 | 保存字体样式的结构体 |
| outtext | 在当前位置输出字符串 |
| outtextxy | 在指定位置输出字符串 |
| setfont | 设置当前字体样式 |
| textheight | 获取字符串的高 |
| textwidth | 获取字符串的宽 |

### 5. 图像处理相关函数

表 8- 11    图像处理相关函数

| 函数或数据 | 描述 |
|---|---|
| getimage | 从屏幕 / 文件 / IMAGE 对象中获取图像 |
| putimage | 在屏幕上绘制指定图像 |
| IMAGE 对象 | 保存图像的对象 |

### 6. 鼠标相关函数

鼠标消息缓冲区可以缓冲 64 个未处理的鼠标消息。每一次 GetMouseMsg 将从鼠标消息缓冲区取出一个最早发生的消息。当鼠标消息缓冲区满了以后，就不再接收鼠标消息。

表 8-12    鼠标相关函数

| 函数或数据 | 描述 |
|---|---|
| FlushMouseMsgBuffer | 清空鼠标消息缓冲区 |
| GetMouseMsg | 获取一个鼠标消息。如果当前鼠标消息队列中没有，就一直等待 |
| MouseHit | 检测当前是否有鼠标消息 |
| MOUSEMSG 结构体 | 保存鼠标消息的结构体 |

① GetMouseMsg 函数用于获取一个鼠标消息。如果当前鼠标消息队列中没有，就一直等待。

```
MOUSEMSG GetMouseMsg();
```
返回值：
返回保存有鼠标消息的结构体。
② MOUSEMSG 结构体用于保存鼠标消息，定义如下：

```
struct MOUSEMSG
{ UINT uMsg; // 当前鼠标消息
bool mkCtrl; // Ctrl 键是否按下
bool mkShift; // Shift 键是否按下
bool mkLButton; // 鼠标左键是否按下
bool mkMButton; // 鼠标中键是否按下
bool mkRButton; // 鼠标右键是否按下
int x; // 当前鼠标 x 坐标
int y; // 当前鼠标 y 坐标
int wheel; // 鼠标滚轮滚动值
};
```

### 7. 其他函数

表 8–13 其他函数

| 函数或数据 | 描述 |
|---|---|
| BeginBatchDraw | 开始批量绘图 |
| EndBatchDraw | 结束批量绘制，并执行未完成的绘制任务 |
| FlushBatchDraw | 执行未完成的绘制任务 |
| GetGraphicsVer | 获取当前绘图库版本 |
| Sleep | 延时函数 |

Sleep 是延时函数。

```
void Sleep(int t);
```

参数：

t 延时时间，毫秒。

在小明的世界中有一个参数是 Speed，使用这个参数用到的函数就是 Sleep，现在我们可以了解 Speed 设置的越小，小明运动的速度越快的原因，因为传递给 Sleep 的参数 Speed 表示的是延时的毫秒数，该数值越大，延迟越长，动作也就更加缓慢。

## 8.5 鼠标控制

在前文介绍小明的世界代码中，我们仅仅是用键盘来进行控制小明的动作，在上一节我们学习了 EasyX 库提供的鼠标控制功能，那么是不是也可以用鼠标对小明进行控制呢？当然可以。我们可以在 VS2010 环境下打开 8_2.vcxproj 工程文件。在该工程文件的 Cdemo.cpp 中，我们修改了初始化界面函数，在其中添加了一些画按钮的语句。

```
setbkcolor(BLUE);
setfillcolor(BLUE);
bar3d(440, 60, 460, 80, 3, 1);
outtextxy(443, 63, _T("上"));
bar3d(420, 80, 440, 100, 3, 1);
outtextxy(423, 83, _T("左"));
bar3d(460, 80, 480, 100, 3, 1);
outtextxy(463, 83, _T("右"));
bar3d(440, 100, 460, 120, 3, 1);
outtextxy(443, 103, _T("下"));
```

并且在主函数中的 while 循环里添加了一个鼠标处理函数。

```
while(1)
{
    if(MouseHit())
    {
        /* 检查鼠标信息 */
```

```
              m = GetMouseMsg();
              /*  根据信息进行操作  */
              GetMessage(m);
          }
      }
```

通过上面的代码，我们在小明的世界界面上添加几个按钮，运行后如下图所示。

**图 8- 4   带按钮的小明的世界**

使用鼠标处理函数，每次鼠标点击时都需要判断鼠标点击的位置坐标，如果坐标值在按钮的范围内，则触发相应的动作，这样就可以让小明根据鼠标点击按钮的位置执行上下左右的动作了。

```
/*获取鼠标消息并根据鼠标点击位置进行相应操作*/
void GetMessage(MOUSEMSG m)
{
    //鼠标循环
    switch(m.uMsg)
    {
    case WM_LBUTTONDOWN:
    case WM_LBUTTONDBLCLK:
```

```
            if(m.x>440&&m.x<460&&m.y>60&&m.y<80)
                StepUp();
            if(m.x>420&&m.x<440&&m.y>80&&m.y<100)
                StepLeft();
            if(m.x>460&&m.x<480&&m.y>80&&m.y<100)
                StepRight();
            if(m.x>440&&m.x<460&&m.y>100&&m.y<120)
                StepDown();
            break;
        default:
            break;
    }
    return ;
}
```

现在我们可以用鼠标来控制按钮完成小明的动作了，如果点击空白处，让小明走到相应的位置应该怎么做呢？

# 8.6　有声的世界

阅读别人的程序代码是我们学习编程的一种非常好的方法。在 EasyX 的网站上还有一些有趣的代码，我们发现很多游戏代码在运行的过程中还会发出好听的音乐，这是如何实现的呢？我们可以找到一个带音乐的游戏程序，直接打开里面的源代码去看一下具体的实现方法。

一般这种程序的文件夹里都会存放着音乐文件，通常为 MP3 类型，在文件夹里搜索一下即可找到。如一个带音乐的程序文件夹下有一个名为 background_music.mp3 的文件，那么我们可以利用 VS2010 环境下的"Find in Files"工具在程序里找到含有该文件名字的语句位置，在搜索框中搜索一下这个文件的名字，通常情况下我们会在 VC 环境下面的输出框中看到这样一条语句：

mciSendString("play background_music.mp3 repeat", NULL, 0, NULL);

我们可以从这条语句中猜测出它的意思：play 是播放，repeat 是重复，即重复播放 background_music.mp3 这个音乐文件。

mciSendString 函数是 windows 下的媒体控制接口函数，用来播放多媒体文件，可以播放 MPEG、AVI、MP3、WAV 等格式的文件。除了上述语句体现的播放 MP3 文件之外，还可以暂停播放：

mciSendString("pause background_music.mp3", NULL, 0, NULL);

恢复播放：

mciSendString("resume background_music.mp3", NULL, 0, NULL);

停止播放：

mciSendString("close background_music.mp3", NULL, 0, NULL);

可以看到，该函数第一个参数是一个字符串，其中包含一些常见的多媒体命令（如播放 play、暂停 pause 等）和需要打开的文件名。其他三个参数大家可以从网上阅读相关资料，目前我们只需要了解到这一步即可，这样我们就可以直接在程序运行的过程中听到我们选择的 MP3 文件里的音乐了。

还有一个需要注意的地方，我们发现在调用 mciSendString 函数的文件中通常有这样一条语句：

#pragma comment(lib, "WINMM.LIB")

这也是一条预处理命令，它的作用是告诉编译器在链接过程中将 WINMM.LIB 这个库链接到程序中。mciSendString 函数就是 WINMM.LIB 这个库中定义的函数。如果不包含这个库，那么在链接时会出现错误。

学习了如上知识，现在我们也可以为小明的世界添加一些声音了，你可以选择喜欢的音乐添加到小明的世界这个工程中，这样我们就给小明一个有声的世界了。

# 第九章　内存管理

内存是计算机系统里非常重要的概念，从硬件上来看它就是一条内存条，目前大小都在 2G 以上。内存主要用于连接 CPU 和其他设备，起到缓冲和数据交换的作用。当 CPU 在工作时，如果需要从硬盘等外部存储器上读取数据，那么一定要先将执行的程序和需要处理的数据缓冲到内存中才能被 CPU 直接访问。

从软件上来看，我们可以通过 windows 的资源管理器上查看每个程序所占用的内存情况。我们自己编写的程序也可以通过这种方式来查看占用内存的大小。例如下面这段程序：

```
#include "stdlib.h"
#define K 1024
int main()
{
    char * e = (char *)malloc(16*K*K);

    while(1);

    free(e);

    return 0;
}
```

编译运行后，我们会在 windows 资源管理器上看到该程序占用了大约 16M 的内存空间，在程序中我们也可以看到我们使用 malloc 函数动态申请了 16M 的一段内存，然后一直在执行 while(1)死循环，内存并没有释放，所以一直会占用这 16M 的内存空间会一直被占用。

C 语言作为一种偏底层的中低级语言，提供了大量的内存直接操作的方法。内存管理是一个让人又爱又恨的方面。熟练使用内存管理可以使程序获得更好的性能和更大的自由，但稍不留意，就会出现如内存泄漏等问题。内存管理在实际的 C 语言编程中经常使用，根据大量统计，在 C 语言设计后期遇到的 bug 中，几乎大部分都属于内存和指针错误，它就像一片雷区，唯一的解决办法就是发现所有潜伏的地雷并且排除它们。

本章将从内存分配方式、动态内存分配与回收及常见错误这三个方面来探讨 C 语言内存管理问题。最后，我们通过给小明添加更多的朋友来说明内存管理在小明的世界中的应用。

# 9.1　内存分配方式

### 1. 内存分配初探

在进入本章前，我们先看如下程序，简单分析以下 C 语言的内存管理。

```c
#include <stdio.h>
#include <malloc.h>

//全局变量定义
int iGlobalInt1=0;
int iGlobalInt2=0;
int iGlobalInt3=0;

//全局常量定义
const int iGlobalConstInt1=1;
const int iGlobalConstInt2=5;
const int iGlobalConstInt3=6;

//全局静态变量定义
static int iGlobalStaticInt1=0;
static int iGlobalStaticInt2=0;
static int iGlobalStaticInt3=0;

//函数定义
void    funcParamTest(int iFuncParam1,int iFuncParam2,int iFuncParam3)
{
    //函数私有变量定义
    int     iLocalInt1=iFuncParam1;
    int     iLocalInt2=iFuncParam2;
    int     iLocalInt3=iFuncParam3;

    printf("函数参数变量内存地址\n");
    printf("iFuncParam1=0x%08x\n",&iFuncParam1);
    printf("iFuncParam2=0x%08x\n",&iFuncParam2);
    printf("iFuncParam3=0x%08x\n\n",&iFuncParam3);

    printf("函数本地变量的内存地址\n");
    printf("iLocalInt1=0x%08x\n",&iLocalInt1);
    printf("iLocalInt2=0x%08x\n",&iLocalInt2);
```

```
            printf("iLocalInt3=0x%08x\n\n",&iLocalInt3);
            return;
}

//入口函数
int main(int argc, char* argv[])
{
        //局部静态变量
        static int iStaticInt1=0;
        static int iStaticInt2=0;
        static int iStaticInt3=0;

        //局部静态常量定义
        const static int iConstStaticInt1=0;
        const static int iConstStaticInt2=0;
        const static int iConstStaticInt3=0;

        //局部常量
        const int iConstInt1=1;
        const int iConstInt2=5;
        const int iConstInt3=6;

        //局部变量
        int      iLocalInt1=0;
        int      iLocalInt2=0;
        int      iLocalInt3=0;

        char    * pMalloc1,*pMalloc2,*pMalloc3;

        printf("全局常量的内存地址\n");
        printf("iGlobalConstInt1=0x%08x\n",&iGlobalConstInt1);
        printf("iGlobalConstInt2=0x%08x\n",&iGlobalConstInt2);
        printf("iGlobalConstInt3=0x%08x\n\n",&iGlobalConstInt3);

        printf("iConstStaticInt1=0x%08x\n",&iConstStaticInt1);
        printf("iConstStaticInt2=0x%08x\n",&iConstStaticInt2);
        printf("iConstStaticInt3=0x%08x\n\n",&iConstStaticInt3);

        printf("全局变量的内存地址\n");
        printf("iGlobalInt1=0x%08x\n",&iGlobalInt1);
```

```
printf("iGlobalInt2=0x%08x\n",&iGlobalInt2);
printf("iGlobalInt3=0x%08x\n\n",&iGlobalInt3);

printf("静态变量的内存地址\n");
printf("iGlobalStaticInt1=0x%08x\n",&iGlobalStaticInt1);
printf("iGlobalStaticInt2=0x%08x\n",&iGlobalStaticInt2);
printf("iGlobalStaticInt3=0x%08x\n\n",&iGlobalStaticInt3);
printf("iStaticInt1=0x%08x\n",&iStaticInt1);
printf("iStaticInt2=0x%08x\n",&iStaticInt2);
printf("iStaticInt3=0x%08x\n\n",&iStaticInt3);

printf("本地变量的内存地址\n");
printf("iConstInt1=0x%08x\n",&iConstInt1);
printf("iConstInt2=0x%08x\n",&iConstInt2);
printf("iConstInt3=0x%08x\n\n",&iConstInt3);

printf("iLocalInt1=0x%08x\n",&iLocalInt1);
printf("iLocalInt2=0x%08x\n",&iLocalInt2);
printf("iLocalInt3=0x%08x\n\n",&iLocalInt3);

funcParamTest(iLocalInt1,iLocalInt2,iLocalInt3);

//在堆上分配内存，使用 malloc
pMalloc1 = (char *)malloc( 16 );
pMalloc2 = (char *)malloc( 16 );
pMalloc3 = (char *)malloc( 16 );

printf("在堆上分配内存内存地址\n");
printf("pMalloc1=0x%08x\n",pMalloc1);
printf("pMalloc2=0x%08x\n",pMalloc2);
printf("pMalloc3=0x%08x\n\n",pMalloc3);

//释放 malloc 分配的内存空间
free(pMalloc1);
free(pMalloc2);
free(pMalloc3);
pMalloc1=NULL;
pMalloc2=NULL;
pMalloc3=NULL;
```

```
    return 0;
}
```

　　本程序在 Windows 7 系统，VS2010 环境下编译后的执行结果是：

全局常量的内存地址
iGlobalConstInt1=0x0042201c
iGlobalConstInt2=0x00422020
iGlobalConstInt3=0x00422024

iConstStaticInt1=0x00422028
iConstStaticInt2=0x0042202c
iConstStaticInt3=0x00422030

全局变量的内存地址
iGlobalInt1=0x00427c3c
iGlobalInt2=0x00427c40
iGlobalInt3=0x00427c44

静态变量的内存地址
iGlobalStaticInt1=0x00427c48
iGlobalStaticInt2=0x00427c4c
iGlobalStaticInt3=0x00427c50

iStaticInt1=0x00427c54
iStaticInt2=0x00427c58
iStaticInt3=0x00427c5c

本地变量的内存地址
iConstInt1=0x0018ff44
iConstInt2=0x0018ff40
iConstInt3=0x0018ff3c

iLocalInt1=0x0018ff38
iLocalInt2=0x0018ff34
iLocalInt3=0x0018ff30

函数参数变量内存地址
iFuncParam1=0x0018fecc

```
iFuncParam2=0x0018fed0
iFuncParam3=0x0018fed4


函数本地变量的内存地址
iLocalInt1=0x0018fec0
iLocalInt2=0x0018febc
iLocalInt3=0x0018feb8


在堆上分配内存内存地址
pMalloc1=0x00310f08
pMalloc2=0x00310f50
pMalloc3=0x00310f98
```

注意，上面我们输出的完全是内存地址，即程序在进程中的内存地址（注意是虚拟内存地址而不是物理内存地址）。我们认真观察程序输出，发现每种类型的内存地址都是连续的，而不同类型的内存地址有的是连续的，有的差别极大（注意：不同编译器可能输出的结果不一样，但这并不影响我们分析问题）。基本上，我们可以把这些地址范围分为如下几个部分：堆、栈、全局/静态存储区和常量存储区。

栈，指由编译器在需要的时候分配，在不需要的时候自动释放的存储区。其中的变量通常是局部变量、函数参数等。在栈上分配内存，通常是指在执行函数时，函数内局部变量在栈上创建，函数执行结束时则被自动释放。栈内存分配运算内置于处理器的指令集中，效率很高，但是分配的内存容量有限。

堆，指使用 malloc 分配的内存块，编译器不管它们的释放，由我们的应用程序去控制，一般一个 malloc 就要对应一个 free。如果程序员没有将其释放，那么在程序结束后，操作系统会自动回收。动态内存的生存期由我们决定，使用非常灵活，但问题最多，也是我们本章讨论的重点。

全局/静态存储区，全局变量和静态变量被分配到同一块内存中，在以前的 C 语言中，全局变量又分为初始化的和未初始化的，他们共同占用同一块内存区。静态存储区在程序编译的时候就已经分配好，这块内存在程序的整个运行期间都存在。

常量存储区，是一块比较特殊的存储区，其中存放的是常量，不允许修改（通过特殊手段是可以修改的，例如 Windows 下可直接修改 PE 文件）。

通过分析上面的程序，我们大抵可以绘出程序内存分配情况。

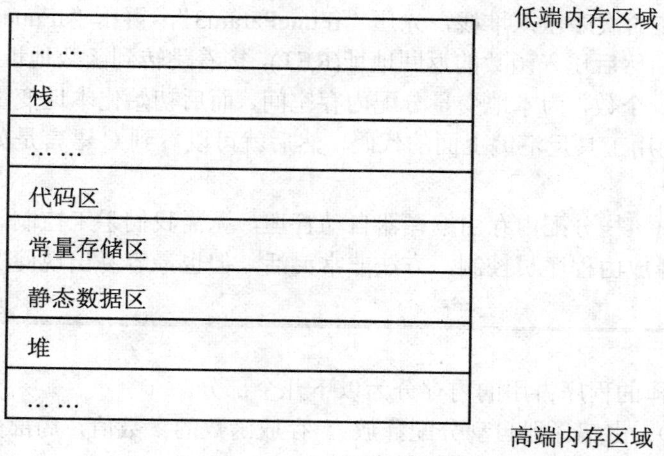

图 9-1 内存分配情况

通过如上分析，我们知道，全局常量（例如 iGlobalConstInt1）和局部静态常量（例如 iConstStaticInt1）位于常量存储区；全局变量（例如 iGlobalInt1）和局部静态变量（iStaticInt1）位于静态数据区；本地变量（例如 iLocalInt1）和函数参数变量（例如 iFuncParam1）位于栈区，它是动态存储区的一部分；使用 malloc（例如 pMalloc1）分配的内存位于堆区，它也是动态存储区的一部分。

由于常量存储区和静态数据区在程序编译的时候就分配好空间了，而堆栈是在程序运行过程中自动分配好的空间。使用堆分配内存是显式分配的，我们在后文将详细介绍。下面简单介绍一下使用栈分配内存空间的原理。

我们发现 DEMO 程序对于函数参数部分的，栈分配如下所示。

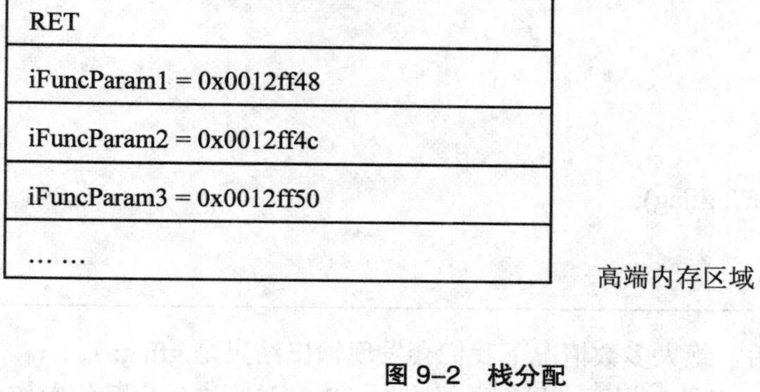

图 9-2 栈分配

我们发现，函数参数地址和变量地址分布如上，其中多了四个字节，即 RET 指令。首先，三个参数以从右到左的次序压入堆栈，先压"iFuncParam3"，再压"iFuncParam2"，最后压入"iFuncParam1"；然后压入函数的返回地址(RET)，接着跳转到函数地址接着执行。然后，将栈顶(ESP)减去一个数，为本地变量分配内存空间，而后初始化本地变量的内存空间。感兴趣的读者可以使用工具反汇编上面的代码，然后就可以看到 C 语言是如何编译的了。

从上文我们可以看出，栈分配内存由编译器自动管理，无需我们手工控制。然而，对于堆而言，内存分配与释放由程序员控制，方法非常灵活，但也最容易出现问题。

---

总结一下

一个由 C/C++编译的程序占用的内存分为以下几个部分。

（1）栈区（stack）：由编译器自动分配释放，存放函数的参数值，局部变量的值等。其操作方式类似于数据结构中的栈。

（2）堆区（heap）：一般由程序员分配释放，若程序员不释放，程序结束时可能由 OS 回收。

（3）全局区（静态区）：全局变量和静态变量的存储在同一区域，初始化的全局变量和静态变量在同一区域，未初始化的全局变量和未初始化的静态变量在相邻的另一区域。

（4）文字常量区：常量字符串放于其中。程序结束后由系统释放。

（5）程序代码区：存放函数体的二进制代码。

---

### 2. 全局变量与静态变量的存储

全局变量和静态变量的存储在同一区域，初始化的全局变量和静态变量在同一区域，未初始化的全局变量和未初始化的静态变量在相邻的另一区域。程序结束后由系统释放空间。一般情况下，相邻声明的全局变量或静态变量也会在内存中连续存放的。我们可以看下面这一个程序：

```
#include <stdio.h>
int garr[10] = {0};
int gflag = 0;
int main()
{
    int i;
    for(i=0;i<=10;i++)
        garr[i] = 1;
    printf("gflag: %d\n", gflag);
    return 0;
}
```

在电脑上编译运行后，绝大多数情况下我们会发现输出结果是 gflag: 1。
gflag 的初始值是 0，但是在程序中我们并没有对 gflag 进行过任何赋值操作，仅仅执行了一个 for 循环后，gflag 的值就产生了变化，这是为什么呢？

仔细观察后我们可以发现，在 for 循环中循环次数为 11 次，而 garr 数组只有 10 个元素。它将 garr 数组全部赋值为 1，并将 garr 数组后面的内存也赋为 1。观察地址值我们可以发现，garr 地址为 0x00000000，gflag 的地址为 0x00000024。for 循环执行到第 11 次时，正好将 gflag 地址指向的 4 个 byte 置为 1。由于 C 语言是不对数组越界进行检查的，因此由于循环多做了一次，那么刚好将 gflag 的值进行了覆盖。

数组访问越界是使用内存的错误中极为常见的一种，需要我们在实际编程中多加注意，否则可能会产生意想不到的后果。

### 3. 常量数据区

常量字符串和用 const 声明的变量放在常量数据区。程序结束后由系统释放空间。

如果两个常量字符串相同，那么编译器很可能将他们优化为同一段常量数据区，例如：

```c
#include <stdio.h>
char *str1 = "hello";
int main()
{
    char *str2 = "hello";
    printf("%u, %u \n", str1, str2);
    return 0;
}
```

2. 调试以下程序。

```c
int main(void)
{
    char a[] = "Hello";
    char *p;

    a[0] = 'X';
    printf("a=%c", a[0]);

    p = "World";
    p[0] = 'X';
    printf("p=%c\n", *p);

    return 0;
}
```

这段程序中全局变量 str1 指向一个常量字符串"hello"，局部变量 str2 也指向常量字符串"hello"，从打印出来的结果中我们可以发现它们的内存地址是相同的，也就是说，str1 和 str2 指向同一块内存。但是如果我们把程序稍微修改一下，改成：

```c
#include <stdio.h>
char *str1 = "hello";
int main()
```

```
{
    char *str2 = "hello1";
    printf("%u, %u \n", str1, str2);
    return 0;
}
```

str1 指向常量字符串"hello"，str2 指向常量字符串"hello1"，两个字符串是不同的，打印后我们可以发现它们的内存地址不一样。

在常量数据区中的数据是只读的，它们不能被写入，例如下面的程序：

```
int main(void)
{
        char a[] = "Hello";
        char *p;


        a[0] = 'X';
        printf("a=%c", a[0]);


        p = "World";
        p[0] = 'X';
        printf("p=%c\n", *p);


        return 0;
}
```

a 是一个局部数组，数组里的值是 Hello，修改之后变成 Xello。p 指向的是一个常量字符串，这段字符串存放于常量数据区，也就是说它是不能被修改的，所以在执行 p[0] = 'X'; 这个语句时，将会发生运行时错误。

# 9.2   动态内存分配与回收

上一节中我们简单分析了 C 语言内存管理方式，其中对于堆的管理，我们仅进行了简单描述。在本节中我们要详细描述动态内存管理。在介绍之前，我们需要先熟悉动态内存管理涉及的函数。

### 1. malloc 与 free

```
void * malloc( size_t size );
void     free( void *ptr );
```

malloc 的作用为分配一块大小为 size 个字节的可用内存块，并返回首地址；不能分配的时候返回 NULL。malloc 是从堆中分配内存空间，使用 malloc 分配内存后必须使用 free 释放内存。

free 清除 ptr 所指向的地址，它只做清除的工作，并告诉系统，这块地址已经被释放和清除，可以重新被分配。使用 malloc 分配的内存没有进行初始化，也就是说，该内存区中可能存在先前内容, 而 calloc 则将内存初始化为 0。如果需要对 malloc 分配的内存初始化, 可以使用 memset 函数。

示范代码如下:

```
#include <stdlib.h>              /* For _MAX_PATH definition */
#include <stdio.h>
#include <malloc.h>
void main( void )
{
    char *string;

    /* Allocate space for a path name */
    string = malloc( _MAX_PATH );

    // In a C++ file, explicitly cast malloc's return.   For example,
    // string = (char *)malloc( _MAX_PATH );

    if( string == NULL )
        printf( "Insufficient memory available\n" );
    else
    {
        printf( "Memory space allocated for path name\n" );
        free( string );
        printf( "Memory freed\n" );
    }
}
```

**2. calloc**

```
void * calloc( size_t nmemb, size_t size);
```

calloc 的作用是分配并初始化内存块, 返回一个指向 nmemb 块数组的指针, 每块大小为 size 个字节。它和 malloc 的主要不同之处是会初始化 (清零) 分配到的内存。

示范代码如下:

```
#include <stdio.h>
#include <malloc.h>
void main( void )
{
    long *buffer;

    buffer = (long *)calloc( 40, sizeof( long ) );
    if( buffer != NULL )
        printf( "Allocated 40 long integers\n" );
    else
```

```
            printf( "Can't allocate memory\n" );
        free( buffer );
    }
```

### 3. realloc

```
void * realloc( void *ptr, size_t size );
```

realloc 以 ptr 所指地址为首址，分配 size 个字节的内存，并返回 ptr 所指地址。realloc 不会初始化分配到的内存块，如果 ptr 为 NULL 则相当于 malloc，如果 size 为 NULL 则相当于 free(ptr)。不能分配返回 NULL。

示范代码如下：

```
#include <stdio.h>
#include <malloc.h>
#include <stdlib.h>

void main( void )
{
    long *buffer;
    size_t size;

    if( (buffer = (long *)malloc( 1000 * sizeof( long ) )) == NULL )
        exit( 1 );

    size = _msize( buffer );
    printf( "Size of block after malloc of 1000 longs: %u\n", size );

    /* Reallocate and show new size: */
    if( (buffer = realloc( buffer, size + (1000 * sizeof( long )) ))
            ==   NULL )
        exit( 1 );
    size = _msize( buffer );
    printf( "Size of block after realloc of 1000 more longs: %u\n",
            size );

    free( buffer );
    exit( 0 );
}
```

通过上面的例子，我们知道：alloca、calloc、malloc、realloc 负责分配内存，free 负责释放内存。其中 alloca 是在栈中分配内存，而 calloc、malloc、realloc 是在堆中分配内存，也就是说 alloca 的内存分配，是有作用域的，不需要释放，而 calloc、malloc、realloc 内存是没有作用域的，需要调用 free 主动释放分配内存区域。Malloc、realloc 只负责分配内存，并不初始化分配内存空间，而 calloc 不仅分配内存，还负责初始化分配内存为 0。realloc

是以传入指针为基址，分配指定大小的内存区域。

## 9.3　更多的朋友

在小明的世界程序中，我们在第六章介绍结构体时曾经添加了一个朋友"xiaohong"，添加的朋友"xiaohong"声明为一个全局的结构体变量。这是一种添加"朋友"的方式，如果我们希望在小明的世界中再增加几个"朋友"，我们也可以按这种方式将他们声明为全局的结构体变量。

但是使用全局变量时需要我们在程序开始时就预先知道有几个"朋友"，如果我们希望在程序运行的过程中不断添加新的"朋友"，也就是说可以动态地来添加"朋友"，就不能使用全局变量的方式了，此时就应该用到我们本章提到的动态内存分配来完成。不只可以动态地添加"朋友"（使用 malloc），还可以动态地移走"朋友"（使用 free）。例如下面一段程序演示了在程序执行的过程中，动态地创建一个朋友，并将他放到一个随机的空白位置（注意，这个位置不能是墙）。

```
void creatFriend()
{
    srand((unsigned int)time(NULL));
    for(int i=0;i<FRIENDNUM;i++)
    {
        if(newfriend[i]==NULL)
        {
            newfriend[i] = (Person *)malloc(sizeof(Person));
            newfriend[i]->direction = rand()%4;

            do{
                newfriend[i]->positionx = rand()%20;
                newfriend[i]->positiony = rand()%20;
            }while(map[newfriend[i]->positiony][newfriend[i]->positionx]==1);

            newfriend[i]->speed = 100;
            break;
        }
    }
    drawing();

    return ;
}
```

在上面的程序中，newfriend 是我们事先声明的一个指针数组，用来存放动态添加的朋友结构体指针。

```
Person * newfriend[FRIENDNUM];
```

因为地图大小有限，所以不可能无限制添加朋友，因此我们采用 FRIENDNUM 来进行限制，超过该值就不能添加朋友了。

我们可以把 creatFriend 放到主函数的循环中，使用 n 键来调用这个函数。

```
if(key=='n') // 创建一个新的朋友
    creatFriend();
```

每次调用都会产生一个新的"朋友"，并产生在一个随机的位置上（目前我们还没有判断重复的位置）。

图 9-3　动态创建小明的朋友

如果想移走一个"朋友"应该怎么做呢？

可以使用与内存分配 malloc 向对应的函数 free，移除最后一个添加的朋友：

```
void removeFriend()
{
    for(int i=FRIENDNUM-1;i>=0;i--)
    {
        if(newfriend[i]!=NULL)
        {
            free(newfriend[i]);
            newfriend[i] = NULL;
            break;
        }
    }
}
```

```
        drawing();
        return ;
}
```

　　注意，移除之后一定要将该朋友指针置为 NULL，否则就会形成野指针，而且也会影响后续的移除过程。

# 附录 实用编程工具 Source Insight

阅读已有的优秀源代码是学习编程的最佳手段之一，通过阅读别人的代码，我们可以学习别人优秀的编程技巧和思路。在阅读代码时需要有一个好工具，我们推荐 Source Insight 这款软件，这是一款支持多种开发语言（C/C++/C#/Java 等）的编辑器和浏览器，由于其查找、定位、彩色显示等功能非常强大，在实际的工作中也得到了非常广泛的应用。

## A.1 概述

Source Insight 是一种基于项目工程的应用程序，它对项目工程中的文件进行分析以后创建一个自身的数据库用于记录项目文件之间的联系，并且能够进行动态的更新。它能显示语法符号（变量、函数、类等）之间的引用树、类的继承流图，以及调用树，极大地提高了代码的浏览速度；在进行代码的编辑时，它会自动地给出非常有用的相关信息。

Source Insight 是一种多文档（MDI）应用程序，每个源文件都有自己的子窗口，它的工作界面如图 A-1 所示，主要包括：

- 主菜单以及工具栏；
- 源文件窗口，可以在窗口中对源文件进行编辑；
- 其他各钟辅助性质的工具窗口。

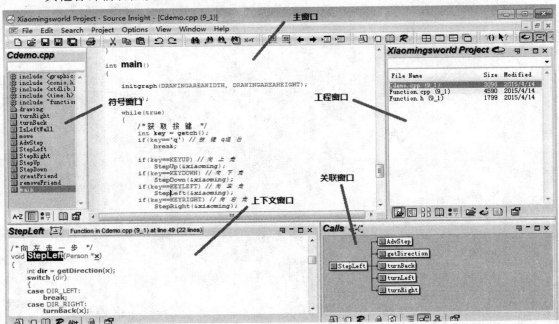

图 A-1 Source Insight 界面

## A.2 建立项目工程

Source Insight 的操作都是围绕项目工程 project 来进行的，project 是很多源文件的集合，当建立 project 需要加入源文件时，Source Insight 会建立一个简单的文件数据库用来记录包含在 project 中的文件。

启动 Source Insight 程序后，可以进入如图 A-2 的工作界面。

图 A–2 Source Insight 建立 Project

首先选择主菜单中的 "Project"选项的子菜单"New Project"新建一个项目，此时会弹出如图 A-3 所示的对话框要求你选择项目组文件存放的路径以及项目文件名，你可以任意选择。

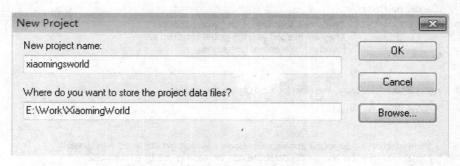

图 A–3 设置新工程名称

点击 Browse...后选择保存项目的文件夹：

图 A-4　选择工程存放路径

选择保存后，将会弹出一个对话框（图 A-5），接受默认选择。如果硬盘空间足够的话，可以将 Configuration 的第一个复选框选上，该选项将会占用与源代码大致同等的空间来建立一个本地数据库以加快查找的速度。

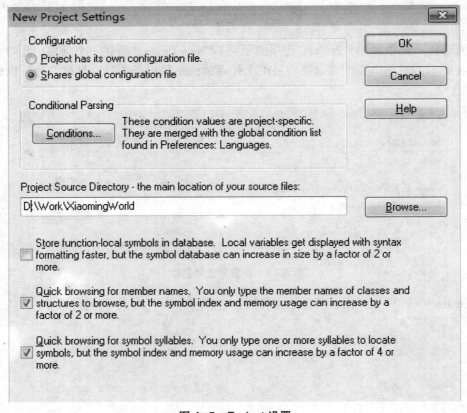

图 A-5　Project 设置

选择"OK"按钮，将会弹出另一个新的对话框（图 A-6），在这个对话框里，可以选择将要编辑、浏览的文件加入工程。一种方式是通过在 File Name 中输入要阅读源代码文件的名称，点击"Add"按钮将其加入，也可以通过其中"Add All"和"Add Tree"两个按钮将选中目录的所有文件加入到工程中，其中"Add All"选项会提示加入顶层文件和递归加入所有文件两种方式，而"Add Tree"相当于"Add All"选项的递归加入所有文件，可以根据需要使用。实际使用过程中，编者认为"Add Tree"更好一些。由于这种方式采用了部分打开文件的方式，没有用到的文件不会打开，所以加入数千个文件也不用担心加入的文件超出程序所能耐受的最大值。

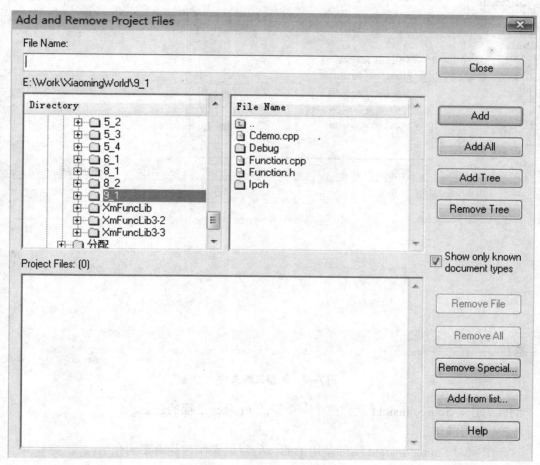

**图 A-6  增加文件到 Project**

正确加入文件以后，Project 基本就建立完成了，此时建议执行 Synchronize File 命令，同时选上"Force all files to be re-parsed"复选框（图 A-7），Source Insight 将会为项目中所有文件更新语法信息库。

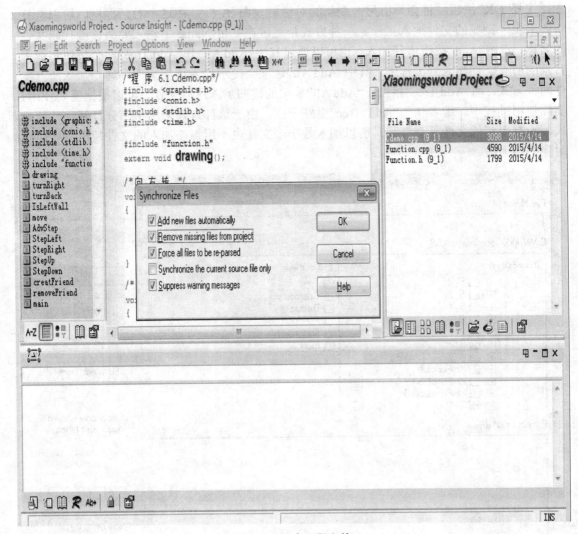

图 A–7　同步工程文件

到此为止，Source Insight 就完成了一个新的 Project 工程的建立。

### A.3　常用操作

这一节将对 Source Insight 实际使用中的一些常用操作进行简要的介绍。

### A.3.1　查找

查找操作是 Source Insight 实际使用中最常用的操作，可以在文件中查询某个函数或变量，也可以在整个工程的所有文件中查询。

在当前文件中查询比较简单，可以使用 Ctrl+f 组合键来进行查询，查到结果后，还可以选择高亮（highlight word，快捷键 Shift+F8）来显示变量或函数。

另外一种查询方式在 Source Insight 中使用更加频繁，即 Lookup References。它可以在项目中的所有源文件中查询关键字，并且可以选择是否在注释或采用#ifdef 定义的非激活代码中进行查询。在主窗口中右键后选择 Lookup References，或者采用快捷方式 Ctrl+/就可以开启这项功能。首先会弹出一个如下图所示的对话框。

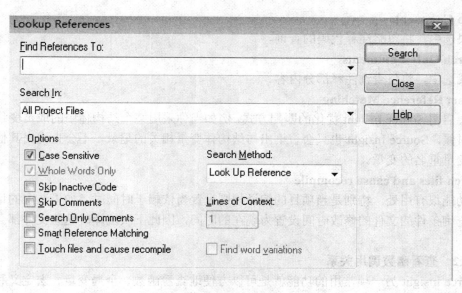

图 A-8 高级查找

该对话框用来配置各种选择的条件：

**Find References To**

输入你需要查询的标识符，常用的如变量、宏、函数等。

**Search In**

采用下拉框的形式，下拉框中列举了常用的文件类型，你可以选择在某一类文件中查询，例如在 C 源文件中查询，缺省为查询项目中所有文件。

**Search Method**

提供了四种查询方法：

- Simple String；
- Regular Expression 按照正则表达式的方式查询；
- Keyword Expression 关键字查询，类似于 internet 查询；
- Lookup Reference 按照引用关系进行查询，缺省查询方式。

**Lines of Context**

仅仅当查询方式为 Keyword Expression 时有效。

**Find word variations**

仅仅当查询方式为 Keyword Expression 时有效。它可以用来查询关键词开头的所有单词，例如关键词为 "open" 时，Source Insight 同样会查询出 "opens" "opened" "opening" 等类似的单词。

**Case Sensitive**

是否区分大小写。

**Whole Words Only**

限制查询时严格匹配关键词，对于 Lookup References 方式永远有效。

**Skip Inactive Code**

如果选中，将忽略非激活代码的查找。

**Skip Comments**

如果选中，将忽略注释代码的查询。

**Search Only Comments**

如果选中，将仅查询注释部分内容。

**Smart Reference Matching**

将会启用 Source Insight 优化的匹配方式，例如当你采用某个结构体中的成员变量进行查询的时候，Source Insight 也只会查询出与结构体变量相关的记录，不会查询出其他和这个成员变量重名的变量。

**Touch files and cause recompile**

该功能很有用处，特别是当项目的编译规则设置为依赖于时间时，如果选中的话，会把满足查询条件的文件的修改时间设置为现在的时间，因此下次编译时这些文件都会重新编译。

### A.3.2 查看函数调用关系

Source Insight 另一项常用的功能就是可以方便地查看函数、全局变量、宏定义和结构体等标识符的定义、调用和引用关系，从而快速地了解整个项目的结构。

当在主窗口中点击一个变量或函数时，就可以在上下文窗口（Context Window）中看到它的定义，当双击上下文窗口就可以马上跳转到该定义。

还可以在关联窗口（Relation Window）中查看函数的调用关系，关联窗口可以通过菜单 View->Relation Window 或者快捷工具栏中的 Relation Window 快捷键进行打开/关闭操作。

**图 A-9 关联窗口开启和关闭**

Relation Window 有两种视图方式，分别为大纲方式和图形方式，可以通过按钮选择采用何种方式显示。

 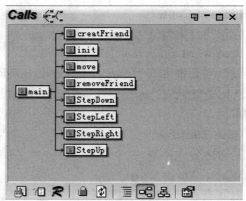

**图 A-10 关联窗口的两种视图**

关联窗口主要包括 3 种关联类型：

• Contains 显示出当前标识符的内容，例如结构体变量会显示出它的成员变量。

• Calls 显示调用关系，常用于参看函数的调用关系，当选中一个函数后，会显示出该函数调用了哪些函数。

• References 显示引用关系，常用于参看函数的引用关系，当选中一个函数后，会显示出该函数被哪些函数所引用。

关联窗口下面一些常用的工具按钮，这些按钮在实际使用过程中是十分有用的。

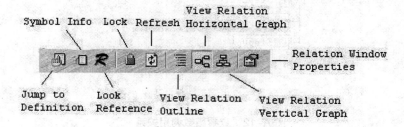

图 A-11 关联窗口的工具按钮

**Jump to Definition**

跳转光标到选定标识符（函数、变量、宏定义等）的定义处。

**Symbol Info**

选择该按钮将会弹出一个窗口显示选定的标识符的定义，这是检查变量、函数定义的一种比较快捷的方法。

**Look Reference**

使用 Look Reference 功能。

**Lock**

锁定 Relation Window，这时候窗口中的显示将不会随着光标的变化自动更新，可以点击 Refresh 按钮手工刷新。

**Refresh**

刷新 Relation Window 的显示。

**View Relation Outline**

切换 Relation Window 采用大纲形式显示结果。

**View Relation Horizontal Graph**

切换 Relation Window 采用图形的方式显示，显示采用从左到右排列的方式进行。

**View Relation Vertical Graph**

切换 Relation Window 采用图形的方式显示，显示采用从上到下排列的方式进行。

**Relation Window Properties**

显示 Relation Window 的属性页。

打开 Relation Window 后，用鼠标光标定位要查看的函数，此时 Relation Window 中会自动显示该函数的调用关系。

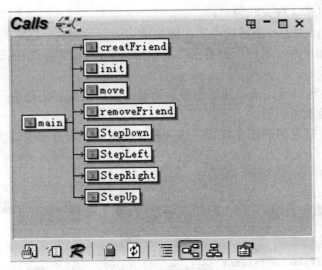

图 A-12　查看函数调用关系

　　缺省情形下只会显示一层调用关系，如果要查看更多层次的调用关系，先选中函数，右键菜单选择 Expand Special，可以设置需要显示的层次。

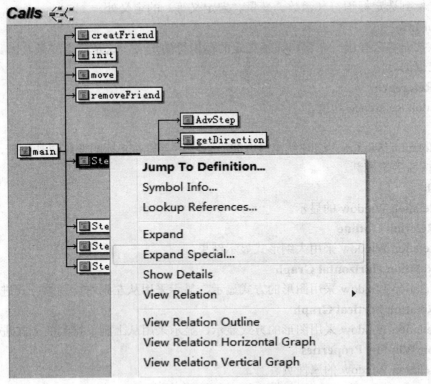

图 A-13　查看函数多层调用关系

　　当然，你也可以通过选择不同的关联方式来显示该函数被哪些函数引用，在关联窗口内选中函数，右键菜单选择 View Functions 中的 References by functions，这样在关联窗口中会显示该函数被哪些函数所引用。

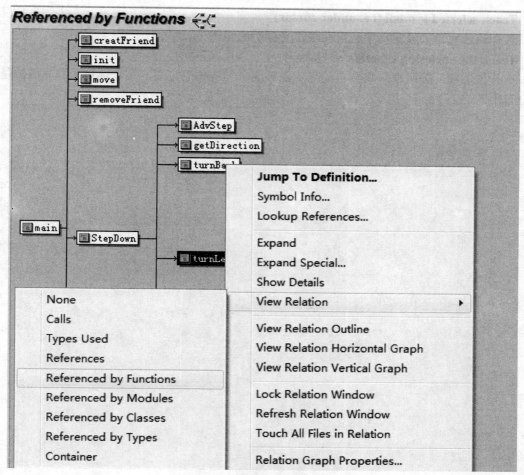

图 A-14　查看函数被调用情况

　　缺省情形下，当你移动鼠标的时候，关联窗口中会自动跟踪光标下的标识符，并且自动实现该标识符的相关信息，可以通过 Symbol Tracking Options 来进行修改。

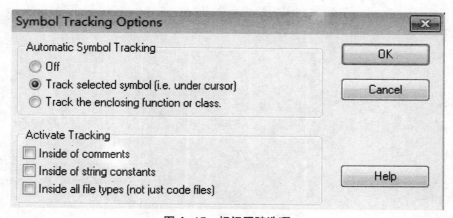

图 A-15　标记跟踪选项

选择该选项可以关闭自动跟踪的功能。

**Track selected symbol (i.e. under cursor)**

选择该选项，关联窗口中会自动跟踪光标下的标识符。

**Track the enclosing function or class**

选择该选项，关联窗口将会自动显示函数或者结构体的定义，该选项对于编写函数是十分有用的。

# 参考文献

1. 林锐，韩永泉. 高质量程序设计指南——C++/C 语言[M]. 北京：电子工业出版社，2007.

2. 裘宗燕. 从问题到程序：程序设计与 C 语言引论(第 2 版)[M]. 北京：机械工业出版社，2011.

3. 宋劲杉. Linux C 编程一站式学习[M]. 北京：电子工业出版社，2009.

4. Brian W.Kernighan,Dennis M.Ritchie. C 程序设计语言(第 2 版)[M]. 徐宝文，李志译. 北京：机械工业出版社，2004.

5. Stephen Prata. C Primer Plus 中文版(第 5 版)[M]. 云巅工作室译. 北京：人民邮电出版社，2005.

6. Kenneth A.Reek . C 和指针[M]. 徐波译. 北京：人民邮电出版社，2008.

7. K. N. King . C 语言程序设计：现代方法(第 2 版)[M]. 吕秀锋，黄倩译. 北京：人民邮电出版社，2010.

8. Perter Van Der Linden . C 专家编程[M]. 徐波译. 北京：人民邮电出版社，2002.

9. Andrew Koenig . C 陷阱与缺陷[M]. 高巍译. 北京：人民邮电出版社，2008.

10. 明日科技. C 语言从入门到精通(实例版)[M]. 北京：清华大学出版社，2012.

11. 前桥和弥. 征服 C 指针[M]. 吴雅明译. 北京：人民邮电出版社，2013.

12. 何勤. C 语言程序设计：问题与求解方法[M]. 北京：机械工业出版社，2013.

13. Horton, I. C 语言入门经典(第 5 版)[M]. 杨浩译. 北京：清华大学出版社，2013.

14. Eric Roberts. Karel The Robot Learns Java[M]. Department Of Computer Science - Stanford University. 2005.

15. 尹宝林. C 程序设计导引[M]. 北京：机械工业出版社，2013.

16. Eric S.Roberts. C 程序设计的抽象思维[M]. 闪四清译. 北京：机械工业出版社，2012.

17. 牟海军. C 语言进阶：重点、难点与疑点解析[M]. 北京：机械工业出版社，2012.

18. http://www.easyx.cn

南开大学出版社网址：http://www.nkup.com.cn

投稿电话及邮箱：　022-23504636　　QQ：1760493289
　　　　　　　　　　　　　　　　　　QQ：2046170045(对外合作)
邮购部：　　　　　022-23507092
发行部：　　　　　022-23508339　　Fax：022-23508542

南开教育云：http://www.nkcloud.net

App：南开书店 app

　　南开教育云由南开大学出版社、国家数字出版基地、天津市多
媒体教育技术研究会共同开发，主要包括数字出版、数字书店、数
字图书馆、数字课堂及数字虚拟校园等内容平台。数字书店提供图
书、电子音像产品的在线销售；虚拟校园提供 360 校园实景；数字
课堂提供网络多媒体课程及课件、远程双向互动教室和网络会议系
统。在线购书可免费使用学习平台，视频教室等扩展功能。